俞冀阳　编著

核能科普abc

U0353088

中国原子能出版社

图书在版编目（ＣＩＰ）数据

核能科普 ABC / 中国核学会核科普系列丛书 . 俞冀阳编著 .
— 北京：中国原子能出版社 , 2020.7　（2025.4 重印）
ISBN 978-7-5221-0171-2

Ⅰ.①核⋯ Ⅱ.①中⋯ Ⅲ.①核能－普及读物 Ⅳ.
① TL-49

中国版本图书馆 CIP 数据核字（2019）第 257463 号

内容简介

　　本书主要叙述了核能科普中公众比较关注或者希望了解的若干问题。例如，核辐射和电磁辐射对人体健康的影响、核电厂的基本工作原理、核技术如何服务于人类的日常生活等。其中，大多数议题是在利用微信公众号开展公众沟通的过程中形成的，作者尽可能采用通俗易懂的语言，阐述了核能与核技术相关的一些基本科学知识。

　　本书对工作在第一线的核能科普工作者是一本有用的参考书。对于一般的读者而言，也是一本汲取核科学与技术相关的科学知识的科普读物。

核能科普 ABC

出版发行	中国原子能出版社（北京市海淀区阜成路 43 号　100048）
责任编辑	付　真
特约编辑	陈晓鹏　杜婷婷
责任校对	冯莲凤
责任印制	赵　明
装帧设计	赵　杰
印　　刷	北京厚诚则铭印刷科技有限公司
经　　销	全国新华书店
开　　本	787 mm × 1092 mm　1/16
印　　张	7.875　　　　　　　　　字　　数　130 千字
版　　次	2020 年 7 月第 1 版　2025 年 4 月第 4 次印刷
书　　号	ISBN 978-7-5221-0171-2　　定　　价　68.00 元

网址：http://www.aep.com.cn　　E-mail：atomep123@126.com
发行电话：010-68452845　　　　　版权所有　侵权必究

序 言

党和国家高度重视核能发展和核安全问题，始终将其作为确保能源安全、环境安全和国家安全的前提。习近平总书记提出的理性、协调、并进的核安全观体现了新一代党和国家领导人对核安全事业的深刻思考和长远规划。

核能是安全、清洁、经济高效的能源。积极发展核能，对优化能源结构、保护生态环境、降低二氧化碳等温室气体排放、减少雾霾天气将发挥重要作用。通过四十余年不间断地建设发展核能，中国目前已经成为世界瞩目的核能大国，为经济社会健康发展做出了重要贡献，核电已经成为国家名片。我国核燃料循环产业能力持续加强，核电装备制造能力持续提升，核电自主创新能力显著提升，形成以"华龙一号""国和一号"为代表的自主三代核电技术，同时高温气冷堆示范工程正在稳步进展，小型反应堆研发和示范工程正在积极推进，聚变核能实验应用也在积极探索之中。我国核技术应用、核医学、核农学等事业蓬勃发展、蒸蒸日上。我国核政策法规体系不断完善，《中华人民共和国核安全法》于 2018 年 1 月 1 日正式实施，核安全管理水平、核安全监管能力、核应急能力进一步提升，核安保能力得到国际认可。

习近平总书记指出"科技创新、科学普及是实现创新发展的两翼，要把科学普及放在与科技创新同等重要的位置。没有全民科学素质普遍提高，就难以建立起宏大的高素质创新大军，难以实现科技成果快速转化"。伴随着我国核事业不断发展的同时，公众对核科学技术的关注空前高涨，但由于对核能科学技术了解不深、不透，加之受日本福岛核事故等影响，对核能安全产生质疑和不解，恐核心理、邻避效应蔓延，成为制约核能发展的不稳定因素。为广泛普及核科学技术知识，宣传绿色核能发展理念，提升全民科学素质，中国核学会组织编写了核科普系列丛书，帮助广大公众提升科学素质，增强对核科学技术、核安全的认识，促进我国核能、核科技事业的健康可持续发展。

王寿君

全国政协常委

中国核学会党委书记、理事长

目 录

核能科普 ABC

01 世界能源现状与核电 abc

02 核辐射 abc

03 核电厂基础知识 abc

04 核安全与核事故 abc

05 核技术应用 abc

06 核武器 abc

01

abc

世界能源现状与核电

核能科普 ABC

1 世界能源现状与核电

1.1 中国大陆的能源消耗现状与趋势

在 1996—2017 年期间，我国能源消费总量总体上升，年均增长率为 5.86%。按照万吨标准煤计算，如图 1.1.1 所示 [1]。

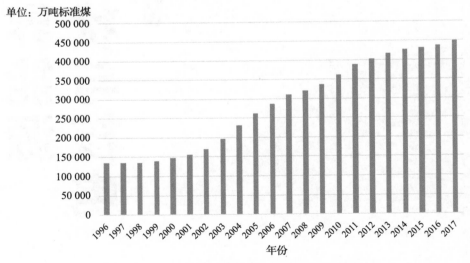

图 1.1.1　1996—2017 年间中国大陆的能源消耗

[1]　李期，郑明贵.中国能源消耗与经济增长关系研究——基于 1996—2017 年数据.江西理工大学学报，2019，40(4)：57-61.

　　从图 1.1.1 可以看出，自 2000 年以来，我国的能源消费总量呈快速增长趋势，近年来增长率虽有所放缓，但是在可预见的将来，这种增长的趋势不会改变。图 1.1.2 显示了中国大陆在 2000—2017 年期间的石油消费量和自身的产量[2]，两者之差就是石油的进口量。

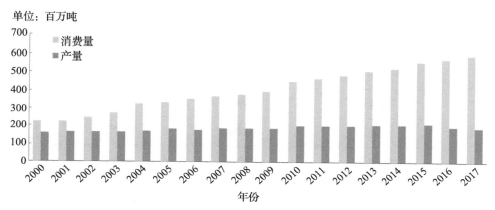

图 1.1.2　2000—2017 中国石油进口量及石油对外依存度

　　所以，我国面临的能源形势十分严峻，由于总体能源需求的不断增长，导致石油的进口量在不断地增长，这样的趋势必将引起国际各方的关注，一定程度会对中国能源安全造成影响。

　　诚然，有人说，现在核电发电只占全国总发电量的 5%，还不能对能源的保障和安全起到多大的影响。但是，未雨绸缪，对于长远的能源问题，我们应该需要长远一点的打算和规划，发展核电是势在必行的。

　　表 1.1.1 显示了 2015 年的中国大陆发电装机容量情况以及有关权威机构对 2050 年我国发电装机容量构成的保守预测。因为对 2050 年开展预测有一定的不确定性，我们选取了相对保守的预测结果。可以看到，在 2015 年，火电占比高达 67.9%，这在全世界范围看来，是十分不合理的。这当然与我们当前的经济发展水平是有关联的，目前煤电看起来还是最便宜的能源。未来到 2050 年，我们要把火电占比降到 40% 左右，就必然需要大力发展风电、太阳能与核电。到时候，

[2]　BP Statistical Review of World Energy 2018. http: / /www. bp. com /liveassets /bp_ internet /china / bpchina_ chinese /STAGING /local_ assets /downloads_ pdfs，2018 — 09 — 23.

太阳能、风电、水电和核电将支撑起电力消费的半壁江山。

表 1.1.1　中国大陆 2050 年的发电装机容量构成预测

万千瓦

	2015 年	2050 年
总装机容量	149 000	380 000
火电	101 150	154 700
水电	29 000	47 000
核电	4 000	34 000
风电	10 400	80 000
太阳能	2 100	60 000
其他	2 350	4 300

　　如果核电要在 2050 年达到 34 000 万千瓦，那么还需要建设多少核电厂机组呢？按照每个机组 100 万千瓦来估计的话，截至 2019 年年底，核电装机容量一共大约 5 500 万千瓦，因此缺口达到 28 500 万千瓦。这相当于 285 个百万千瓦的机组。距离 2050 年还有 30 年，需要我们平均每年至少开工建设 10 个机组才能完成。

1.2 关于能耗

　　能耗，是反映能源消费水平的主要指标，一次能源供应总量与 GDP 的比率，是一个能源利用效率指标。这个指标说明一个国家经济活动中对能源的利用程度，反映经济结构和能源利用的效率。我国目前的能源利用效率低，根据有关文献测算，我国主要用能产品的单位产

图 1.2.1　中国能效标识示意图

品能耗比先进国家高 25%~90%[3]，加权平均高 40% 左右。

不过我们在这里暂时不讨论如何降低单位产品能耗的技术方法，而是从低碳绿能爱地球的角度谈谈日常生活中都有哪些能源浪费现象。

1. 任何产品都是有能耗的

举个日常生活中的例子，例如由天然的棉花，加工成为棉布然后做成衣服，这个过程是需要投入能量的。因此，几乎任何人工产品都需要投入能量。衣服、鞋子、手机、电脑、机床、飞机、家具、啤酒瓶等，都是有能耗的。有些是高能耗的，例如水泥、钢筋；有些是低能耗的，比如计算机软件、电影和电视剧等，中国能效标识见图 1.2.1。

2. 能耗与产品的使用寿命有关

能耗是与产品的使用寿命有关的。例如你花 500 元钱买了一件衣服，大约有 15% 是生产这件衣服的全过程能耗，若用电能来度量，那就是大约消耗了 200 度电。如果你穿一年就扔掉了，这件衣服的能耗就是 0.8 度电 / 天（你可能都没有想到吧，穿一件衣服居然每天要消耗大约 1 度电！）。但是如果能够穿两年，就成了 0.4 度电 / 天了，你看能耗大大降低了不是？

再举个例子，比如修一条马路，混凝土属于高能耗的产品，每千米高速公路的能耗折合成电能的话估计会达到惊人的几百万度，如果修路的质量不达标，或者用几年就坏了，你就知道能耗有多惊人了。

盖个房子也是高能耗的，本来可以使用 70 年的，结果用了 20 年就被拆了，能耗一下子翻了 3 倍！

3. 浪费和生产伪劣产品都是很大的能源浪费行为

既然任何物品都有能耗，因此我们不难得出结论，浪费是很大的浪费能源的行为。要尽量做到物尽其用，并加强资源回收再利用。例如你不想穿的衣服，看看还能不能回收再利用？是否还可以捐给贫困地区继续发挥旧衣服的使用价值？

任何伪劣产品和达不到建设标准的豆腐渣工程，也是对能源的极大浪费。

---

[3] 国家统计局能源司 . 能源发展成就瞩目节能降耗效果显著——改革开放 40 年经济社会发展成就系列报告之十二。

一个企业生产的产品达到国家标准是最基本的要求。不达标的产品往往在使用寿命上也会大打折扣，往往会提前报废，造成极大的能源浪费。

低碳绿能爱地球，地球上的资源是有限的，不可再生能源也是有限的。为了地球村的可持续发展，一方面需要加大低碳绿能的开发，另一方面也需要大家用爱心去节能。

从自己做起，从身边做起，物尽其用，拒绝伪劣产品，拒绝能源浪费。

1.3 一个核电厂每年能节约多少煤?

我们假设一个 100 万千瓦发电功率的核电厂，如果容量因子 [4] 能够达到 85% 的话，那么一年可以发电：

100 万千瓦 × 365 天 × 24 小时 / 天 × 85%=744 600 万千瓦时 =74.46 亿度电

现今，我国运行的发电机组，平均发电效率在 35% 左右，发电煤耗在 374 克 / 千瓦时左右；国产亚临界机组的发电效率在 38% 左右，发电煤耗在 350 克 / 千瓦时左右；引进的 60 万千瓦超临界机组的发电效率在 39% 左右，发电煤耗在 310 克 / 千瓦时左右；超超临界机组的发电效率在 44% 左右，发电煤耗在 256 克 / 千瓦时左右。

我们按照最先进的煤电机组，256 克 / 度电，则相当于可以节约 190 万吨煤！

1.4 需要多久才能建成一个核电厂?

建造核电厂的周期是比较长的，我们看看我国几个典型的核电厂建造所花的时间，见表 1.4.1 所示。

---

[4] 核电厂容量因子是指核电厂的实际发电量与额定最大可发电量的比率，是一个无单位的比率因数。

表 1.4.1　几个典型的核电厂建造时间

核电厂机组	开始建造	并网发电	所花时间 / 年
秦山一期	1985 年 3 月 20 日	1991 年 12 月 15 日	6.74
大亚湾 1 号机组	1987 年 8 月 7 日	1993 年 8 月 31 日	6.07
岭澳 1 号机组	1997 年 5 月 15 日	2002 年 2 月 26 日	4.79
秦山三期 1 号机组	1998 年 6 月 8 日	2002 年 11 月 19 日	4.45
方家山 1 号机组	2008 年 12 月 26 日	2014 年 11 月 4 日	5.86
福清 3 号机组	2010 年 12 月 31 日	2016 年 9 月 7 日	5.69

从表 1.4.1 可以看到，我国刚开始发展核电的时候，建造时间比较长，后来逐渐加快了速度，但也得 5 年左右的时间。这只是从浇灌第一罐混凝土开始计算的时间，还没有考虑前期的工作。举个例子，最近刚刚获得批准的漳州核电，前期工作准备有 20 多年了。因此发展和建造核电厂是一项相对周期比较长的工作，需要从长计议，提前规划，切不可临时抱佛脚，因为核电厂不是说今天想要明年就能够有的，需要提前 5 ～ 6 年时间呢！

1.5 当前中国有多少核电厂？

目前中国的核电厂还不太多。表 1.5.1 显示了截止到 2019 年年底中国大陆在运行和在建的核电厂。表 1.5.2 显示了中国台湾在运行和在建的核电厂。

表 1.5.1　中国大陆的核电厂

名称	机组	状态	装机功率 /MW	并网时间
大亚湾	1 号机组	在运	944	1993 年 8 月 31 日
	2 号机组	在运	944	1994 年 2 月 7 日
方家山	1 号机组	在运	1 012	2014 年 11 月 4 日
	2 号机组	在运	1 012	2015 年 1 月 12 日
秦山一期	1 号机组	在运	298	1991 年 12 月 15 日

续表

名称	机组	状态	装机功率 /MW	并网时间
秦山二期	1 号机组	在运	610	2002 年 2 月 6 日
	2 号机组	在运	610	2004 年 3 月 11 日
	3 号机组	在运	619	2010 年 8 月 1 日
	4 号机组	在运	619	2011 年 11 月 25 日
秦山三期	1 号机组	在运	677	2002 年 11 月 19 日
	2 号机组	在运	677	2003 年 6 月 12 日
阳江	1 号机组	在运	1 000	2013 年 12 月 31 日
	2 号机组	在运	1 000	2015 年 3 月 10 日
	3 号机组	在运	1 000	2015 年 10 月 18 日
	4 号机组	在运	1 000	2017 年 1 月 8 日
	5 号机组	在运	1 000	2018 年 5 月 23 日
	6 号机组	在运	1 000	2019 年 6 月 29 日
岭澳	1 号机组	在运	950	2002 年 2 月 26 日
	2 号机组	在运	950	2002 年 9 月 14 日
	3 号机组	在运	1 007	2010 年 7 月 15 日
	4 号机组	在运	1 007	2011 年 5 月 3 日
田湾	1 号机组	在运	990	2006 年 5 月 12 日
	2 号机组	在运	990	2007 年 5 月 14 日
	3 号机组	在运	1 045	2017 年 12 月 30 日
	4 号机组	在运	1 045	2018 年 10 月 27 日
	5 号机组	在建	1 000	
	6 号机组	在建	1 000	
三门	1 号机组	在运	1 157	2018 年 6 月 30 日
	2 号机组	在运	1 157	2018 年 8 月 24 日

续表

名称	机组	状态	装机功率 /MW	并网时间
红沿河	1 号机组	在运	1 061	2013 年 2 月 17 日
	2 号机组	在运	1 061	2013 年 11 月 23 日
	3 号机组	在运	1 061	2015 年 3 月 23 日
	4 号机组	在运	1 061	2016 年 4 月 1 日
	5 号机组	在建	1 000	
	6 号机组	在建	1 000	
海阳	1 号机组	在运	1 170	2018 年 8 月 17 日
	2 号机组	在运	1 170	2018 年 10 月 13 日
福清	1 号机组	在运	1 000	2014 年 8 月 20 日
	2 号机组	在运	1 000	2015 年 8 月 6 日
	3 号机组	在运	1 000	2016 年 9 月 7 日
	4 号机组	在运	1 000	2017 年 7 月 29 日
	5 号机组	在建	1 000	
	6 号机组	在建	1 000	
台山	1 号机组	在运	1 660	2018 年 6 月 29 日
	2 号机组	在运	1 660	2019 年 6 月 23 日
宁德	1 号机组	在运	1 018	2012 年 12 月 28 日
	2 号机组	在运	1 018	2014 年 1 月 4 日
	3 号机组	在运	1 018	2015 年 3 月 21 日
	4 号机组	在运	1 018	2016 年 3 月 29 日
昌江	1 号机组	在运	601	2015 年 11 月 7 日
	2 号机组	在运	601	2016 年 6 月 20 日
防城港	1 号机组	在运	1 000	2015 年 10 月 25 日
	2 号机组	在运	1 000	2016 年 7 月 15 日
	3 号机组	在建	1 000	
	4 号机组	在建	1 000	
石岛湾	1 号机组	在建	200	
漳州	1 号机组	在建	1 126	

表 1.5.2　中国台湾的核电厂

名称	机组	状态	装机功率 /MW	并网时间（年 / 月 / 日）
青山	1 号机组	退役	604	1977 年 11 月 16 日
	2 号机组	退役	604	1978 年 12 月 19 日
国胜	1 号机组	在运	1 300	1981 年 5 月 21 日
	2 号机组	在运	1 300	1982 年 6 月 29 日
马鞍山	1 号机组	在运	1 300	1984 年 5 月 9 日
	2 号机组	在运	1 300	1985 年 2 月 25 日
龙门	1 号机组	在建	1 300	
	2 号机组	在建	1 300	

1.6 科学家们又一次警告全球气候变化

2019 年 11 月 5 日，牛津学术旗下的 BioScience（生物科学）杂志刊登了一篇观点文章，又有超过 11 000 名科学家联名，声称地球已经因为气候变化进入了紧急状态，并警告全世界说，如果地球人的生活方式不发生重大变化，气候变化引起的重大灾难将是不可避免的。

图 1.6.1　牛津学术旗下的 BioScience（生物科学）杂志刊登了一篇观点文章截图

几十年来，全球多个研究机构一致认为人类需要采取紧急行动，但温室气体排放量却仍在增加，煤、石油、天然气的使用量还在持续上升。参加公开信的科学家们说，他们有道义上的义务"明确警告人类可能出现的任何灾难性威胁"。这是继 2017 年发表联名公开信后的再一次万名科学家联名签署的全球警告信。在 2017 年，有来自 184 个国家或地区的 15 364 名科学家签署联名。2017 年的标题还是 Notice（提醒），2019 年的标题为 Emergency（紧急）。

联名信认为，尽管最近有了一些积极向好的方向变化的指标，例如全球出生率下降和可再生能源使用量增加，但是关键的温室气体排放却没有得到抑制，人类正快速走在错误的方向上。

文章列出了一些还在继续恶化的指标，例如：肉类消费量上升、飞机旅行增加、砍伐森林速度增加以及全球二氧化碳排放量上升。科学家说，他们希望公众"了解这场危机的严重程度"。他们说，需要对人类社会的运转方式以及与自然生态系统的互动方式进行重大变革。

他们提出了 6 个关键目标：尽快淘汰化石燃料；减少甲烷和煤烟等污染物；恢复和保护生态系统；少吃肉；发展低碳经济；稳住人口增长。

文章认为，虽然现在的情况很糟糕，但并非没有希望。我们可以采取措施应对气候紧急状态，尽快发展低碳能源。

1.7 核能供热

近日喜闻山东核电有限公司报道《全国首个核能商业供热！山东海阳核能供热来了》，文中提到，在 2019 年 11 月 15 日，经过试运行后，山东海阳核能供热项目一期工程第一阶段正式投入使用，对 70 万平方米建筑面积正式供热。与此同时，海阳核电一期工程 1、2 号机组持续保持安全稳定运行，预计 2019 年全年发电量可达 206 亿度。海阳核电热电联产的方式，使居民用上了绿色电力和清洁供热。作为全国首个核能商业供热项目，海阳核能供热项目是创造性落实"加快推进北方地区冬季清洁取暖"要求的有力举措，是推动《北方地区冬季清洁取暖规划（2017—2021 年）》实施的良好实践，为核电行业开拓核能综合利用领域作出了有益的尝试和探索，开启了核能综合利用新纪元。

那么核能供热在我国的发展历史如何？存在什么问题？核能供热的安全性如何？如何做好核能供热项目的公众沟通工作？这一系列的问题随着海阳核能供热项目的实施，逐渐显现了出来。

核能供热目前可实现的方式主要有两种：一种是建一个靠近居民生活区小型反应堆，对附近的居民进行供热；第二种是利用现有的大型核电厂，从核电机组二回路抽取蒸汽作为热源，通过换热站进行换热，然后经市政供热管网将热量传递至最终用户。还有一种正在研发它采用化学热管远程核供热系统，利用高温蒸汽热源进行可逆反应，在常温下通过管道送到用户，在再生装置中产生逆反应放出化学热，以供用户使用。这种方法可将大规模的核热送到远处供大片地区使用。目前投入使用的海阳核电供热项目属于第二种方式。

核能供热的优点十分明显。首先是可以显著降低二氧化碳和污染物的大气排放，改善供热区的空气质量。其次，由于核裂变能的能量密度大，核能供热稳定可靠，可以大规模开发利用。采用大型核电厂热电联供的方式，可以提高核电厂的综合效益。核能供热以清洁高效的供暖方式改善民生、造福地方，具有居民供暖价格不增加、政府财政负担不增长、热力公司利益不受损、生态环保效益巨大、提高核电厂效率、拉动新产业等多个效果，真正实现企业与地方、环境、公众的协调发展和多方共赢。

城市集中供热所需温度不高，正在研究开发的低温供热堆的压力只有1～2兆帕，可以输出100 ℃左右的热水供城市应用。由于反应堆工作参数低，安全性好，是一种有可能建造在城市近郊的供热方案。但是由于要建造在人口密集区域，对其安全性就会提出更高的要求。据报道，2017年11月28日中核集团发布了可实现区域供热的"燕龙"泳池式低温供热堆的设计方案。该方案就是采用安全系数较高的游泳池式堆的设计，所谓游泳池式堆，就是把堆芯设计在一个巨大的水池的底部，实现在任何情况下堆芯都可以被水浸泡着，从而实际消除场外重大放射性释放。这种设计方案，具有固有安全性好，功率大小灵活，无须场外应急准备，可以建造在人口密集区等优点。但是，由于只有供热季节可以使用，温度参数太低从而导致在非供热季节无法发电，使得其经济效益比较差，为了保证供热堆和热力公司均有获利，会造成居民的供暖价格比较高，否则就需要大量的财政补贴，增加政府负担。而且，由于供热堆靠近居民生活区，存在较大的公众沟通工作量，因此这种方式的核供暖并还没有真正实现。

而第二种方式的核热联供电厂，它和普通热电联供的火电厂原理相似，只是用核电厂的高温蒸汽供热。核热电厂反应堆工作参数高，非供热季节也可以发电，发电和供热两不耽误，综合经济效益好。但是核电厂须建在相对远离居民区的地点，从而使它的供热范围受到一定的限制。

在世界上有些国家早就已经开展核能供热，在已运行的核电厂中，有十余座已经实现抽汽供热方式的热电联供。

1.8 一座 100 万千瓦核电厂一年能减排多少吨二氧化碳？

当然你可以直接去网上搜一搜答案。不过为了知其然而知其所以然，还是让我们来看看这个问题该怎么计算。

首先有两个基础的数据需要设定，一是火电厂的热力循环效率，假设采用超超临界机组，效率可以达到 45%（例如华能玉环电厂，于 2007 年 11 月全部建成投产，是当今国际上参数最高、容量最大、同比效率最高的超超临界机组，经实际运行，效率为 45.4%）；二是核电厂的年负荷因子保守假设为 85%（例如 2019 年大亚湾核电基地 6 台机组平均负荷因子 90.52%）。

好了，有这两个假设的前提数据我们就可以开始计算了。

1. 每摩尔碳燃烧释放多少热量

可以从基本的碳燃烧的化学反应开始：

$C + O_2 = CO_2 + 4.08$ 电子伏

而：

1 电子伏 $= 1.6 \times 10^{-19}$ 焦

1 摩尔 $= 6.022 \times 10^{23}$

则：1 摩尔 C 燃烧可得 393.12 千焦热量。

也可以直接查 C 和 O_2 的热化学方程式，结果也是差不多的，如图 1.8.1 中的 393.51 千焦 / 摩尔。下文我们近似取 393 千焦 / 摩尔。

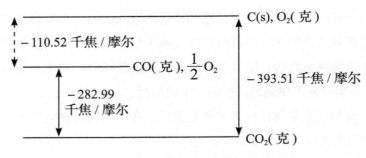

图 1.8.1 C 和 O_2 的热化学方程式

2. 火电厂发出 1 度电释放多少二氧化碳

1 度电是 1 千瓦时，也就是 3 600 千焦。若效率是 45%，则需要 8 000 千焦热量。

也就是说，火电厂发出 1 度电会排放 8 000/393=20.36 摩尔二氧化碳。

那么 20.36×44=895.84 克。

3. 一座核电厂一年的减排量

然后我们计算 100 万千瓦发电功率的核电厂一年能发多少度电。

100 万千瓦的核电厂，按照年负荷因子 85% 计算，一年可发电为：

1 000 000×24×365×0.85=74.46 亿度。

那么一座 100 万千瓦的核电厂一年可以减排：

74.46×0.895 84=66.7 亿千克 =667 万吨

有人说，火电厂也有碳捕捉技术，那么如果把 100 万千瓦火电厂排放的二氧化碳 667 万吨全部捕捉下来成为液体，即便是载重 100 吨的百吨王卡车，也需要 66 700 辆，平均每天大约 180 辆！

真是不算不知道，一算吓一跳！而且还有二氧化硫和氮氧化物的排放。

4. 核电厂自身的能耗引起的碳排放

当然，在建造核电厂和核燃料等环节也还是有一些能耗的，有能耗就意味着在这些环节或多或少有些碳排放，但量不多。下面我们大致估算一下。

同样我们需要先假设几个基本数据。

假设能耗中的电力 70% 是火电提供的（将来可能会有所降低）。假设核电厂的运行寿命是 60 年。假设核电厂的单位造价是 15 000 元 / 千瓦。假设每千克分离功需要 300 度电（传统的扩散法需要 2 400 度电，但现在已经基本不用扩散法了，而用先进的离心法，其综合能耗大约为扩散法的 10%，在此保守一点取 300 度电 / 千克分离功）。假设耗电少难以详细统计的部分占 50%（因为不清楚，所以尽量按照保守的估计）。假设建设用工业用电价格为 0.7 元 / 度（有些工业用电是 1 元 / 度，但是基建和冶炼一般是 0.7 元 / 度）。假设建设成本中综合能耗占比为 10%（这个是按照能耗较高的冶炼环节的能耗价格占比估计的）。好了，假设这么多，下面可以开始计算了。虽然有些数据可能估计得不是很准确，但是大致不会差太多。

建造核电厂环节消耗电：

（1 000 000 × 15 000 × 10%/0.7）/50%=42.9 亿度电

平均到 60 年，就是每年 0.71 亿度电。

分离功消耗电：一座 100 万千瓦的核电厂，每年需要 20 吨低浓铀核燃料，大约需要 135 吨分离功。

300 × 135 000=0.41 亿度电

假设工业用电 70% 是火电（若把分离工厂尽可能靠近水电站，分离功的耗电部分的火电比例可得到下降），则得到核电厂平均每年消耗火电量为：

（0.71+0.41）× 70%=0.78 亿度火电

得到的碳排放量为：

0.78 × 0.895 84=0.7 亿千克 =7 万吨

只占全部减排量 667 万吨的 1% 左右。

结论：一座 100 万千瓦的核电厂，一年可以减排二氧化碳 667−7=660（万吨）。

02

abc

核辐射

核能科普ABC

2 核辐射

2.1 一句话说清楚什么是核辐射

能量以微观粒子的形式向四周辐射。

根据辐射出的微观粒子的不同，核辐射主要分为 α、β、γ 三种射线。

α 射线是氦的原子核。外照射时穿透能力很弱，但被吸入体内的话，危害较大。

β 射线就是电子流。穿透力较小，受到影响距离一般比较近，只要辐射源不进入体内，影响不会太大。

γ 射线就是高能光子。它的穿透力强，是一种波长比较短但能量较大的电磁波。

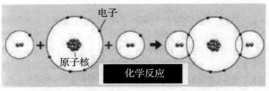

2.2 核反应

所谓核反应，是使原子核发生变化的反应，严格地讲是"原子核反应"，是由原子核引起的反应的

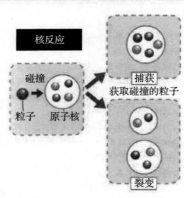

图 2.2.1　化学反应和核反应

总称。最有名的一个例子是中子与铀 –235（^{235}U）原子核的反应，使铀 –235 原子核发生分裂而释放出巨大的能量。人们通过对这种反应的控制，可用于发电等。顺便指出，化学反应是电子发生转移（取舍）的反应，其中原子核毫发未动，而核反应中原子核发生变化（见图 2.2.1）。

核反应不仅可由中子引发（见图 2.2.2），用质子及其他的原子核碰撞也能引起。但是，由于原子核带正电荷，当质子等带正电荷的粒子与之靠近时，由于库仑排斥力的作用，会被弹出。因此，需要将带电粒子加速到足够高的能量，以高速粒子的形式，才能发生与原子核的碰撞。

核反应的另一个特征是，一般在反应后会有放射线放出。由于核反应中原子核的构成发生变化，与其相伴，所释放的能量中，一部分以光（称之为 γ 射线的高能量的光）的形式放出，若照射到人体等，会发生辐射危害。这与核能利用的另一个课题——放射性废物处理问题紧密相连。

核反应除了由外部粒子引发之外，还可由原子核自发引起，称为自发裂变，例如钚 –240 就会发生自发裂变。

最早发现核裂变的是德国化学家哈恩（Otto Hahn，1879—1978 年）和斯特拉斯曼（Fritz Strassmann，1902—1980 年）。1938 年，当二人用中子照射天然铀（U）时，发现产生了质量数为铀质量数一半左右的人造同位素钡（Ba）和镧（La）。这些元素当然是铀核一分为二产生的，由此结果发现了核裂变现象。

核裂变发现之后，为了利用裂变能，在芝加哥大学创建了世界上第一座核反应堆，在 1942 年达到临界（铀核的可控自制链式裂变反应）。核反应和化学反应一样是一把双刃

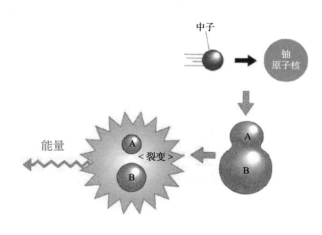

图 2.2.2　核裂变反应

剑，既可以用于核能的和平利用，造福于人类；又可以用于武器，威胁人类的和平生存。

2.3 同位素

目前我们已经知道的是，五彩缤纷的自然界是由 118 种元素构成的，各种元素由不同的原子组成，原子由原子核和电子构成，原子核则由质子和中子组成（见图 2.3.1）。

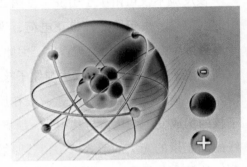

图 2.3.1 原子核模型示意图

质子数相同的原子，中子数可以不同。我们把具有相同质子数不同中子数的原子称为同位素。它们在元素周期表中所处的位置相同，所以叫他们同位素（见图 2.3.2）。由于在元素周期表里面的位置相同，意味着核外电子数是一样的，因此同位素的化学性质是几乎相同的。

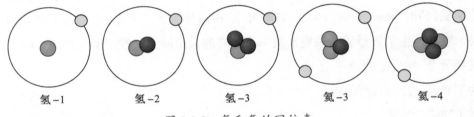

氢-1　　氢-2　　氢-3　　氦-3　　氦-4

图 2.3.2 氢和氦的同位素

例如：在自然界中，氢有氢、氘、氚三个同位素，铀也有铀-234、铀-235和铀-238三个同位素。我们是无法通过化学反应把他们分离开来的，只有采用同位素分离技术，才能把他们分开。而重元素的同位素分离技术（分离氚的不算），是目前国际上防止核扩散的关键技术之一，可以合法拥有这样技术的国家屈指可数。

大多数同位素的原子核都是不稳定的，会自发地放出辐射或粒子，而转变成另一种原子核，或过渡到另一种状态。能自发地放出射线的同位素，叫作放射性同位素。

放射性同位素在衰变时主要放出 α、β 和 γ 射线。这些辐射肉眼看不见，用手摸不着，但可用专门的仪器测量出来。放射性同位素放出的辐射可以作为感知物质及其运动状态的一种手段，因而在放射性示踪、物质成分分析及工业过程监控中发挥着重要的信息获取作用。

射线与物质相互作用还会产生物理、化学与生物效应，这为制作新型物质、材料改性及疾病治疗提供了条件。

放射性同位素衰变能本身也是一种能量来源，可在极地、荒原，尤其是航天上作为能源，具有特殊的优越性。

那么同位素是从哪里来的呢？

迄今为止，人们共发现了 118 种元素的 3 100 多种同位素，其中稳定同位素只有 271 种，其余都是放射性同位素。稳定同位素大多数存在于自然界，而放射性同位素大多数是通过核反应人工制备的。

人工放射性同位素可通过三种途径获得：

（1）加速器制备；

（2）核反应堆生产；

（3）从辐照核燃料及其后处理工艺废液中提取。

2.4 哪里核辐射最少？

如果害怕核辐射，想找个核辐射少一点的地方躲躲。可是哪里核辐射最少呢？

1. 宅在家里

家里的核辐射也不少，除了穿透天花板进来的宇宙射线以外，墙上的砖头啊、水泥啊、瓷砖啊等等，都散发出核辐射，还有从墙缝里冒出来的看不见的氡气，也有核辐射。肚子饿了吃根香蕉吧，^{40}K 像 ^{47}AK 射出的子弹一样进入了肠胃。

2. 户外走走

好吧，那去户外走走。户外也是到处都是核辐射、宇宙射线、^{14}C 等等。爬山去？山顶的核辐射比山下高多了，海拔越高大气层的保护越少，核辐射也就越多了。所以坐飞机很快很贵，不过想想还是算了，还是高铁的核辐射少点。

3. 树荫底下

树叶可以很好地阻挡可见光（植物就是靠吸收可见光进行光合作用而生长的），但是阻挡不了来自宇宙的核辐射。树荫底下虽然凉快，但是就核辐射而言，和太阳底下没什么差别。

4. 地下室

防空洞里面听说很安全。没错，防空洞对于飞机轰炸而言确实是个躲避的好地方。然而对于核辐射而言，则不然。地下室虽然可以屏蔽掉较多的宇宙辐射，但是地缝里冒出来的氡气不少，若通风不好，氡气的核辐射较大。

5. 山洞里

山洞里的核辐射环境和地下室差不多，有些山洞由于岩石里含有重金属矿，情况甚至更糟糕些，山洞里面虽然凉快，但是还是算了，不宜久留。

6. 跑到外太空去

看来地球上是没法待了，那跑到外太空去？天哪！外太空的宇宙辐射超级强。没看到宇航员都需要穿上厚厚的辐射防护服吗？外太空由于失去了大气层的防护，来自太阳和宇宙远方的辐射很强。所以想去火星旅游的话，还是想想就好了吧。真要到了那里，且不说食物和能量供给问题，光就核辐射而言，就不太靠谱。

7. 躲到地心里去

地心里除了核辐射，还有超高温，不是一个常人能够待的地方。再说了，就凭现在地球人的科技，只能向下挖 10 千米左右，这么点深度对地球而言，还在表皮啦。

8. 游泳池底

夏天的天气很热，还是去游泳池泡一会儿吧。游泳池底的核辐射确实比其他地方都少，这是因为水是核辐射的最好防护材料，躲在游泳池底下，厚厚的水层可以起到很好的核辐射防护。这也是为什么核电厂换料时听说都是在水底下进行的。游泳池底的核辐射水平和核电厂主控室里的差不多，什么？简直不敢相信！可是确实是的，核电厂的主控室里的辐射防护和通风都很好。可是不让人随便进去啊！

简直无处可躲啊！宇宙中到处都是核辐射！原来核辐射本身就是宇宙演化的一种方式，你只要还无法逃离这个宇宙，就得接受一些核辐射。

而且，人类在进化的过程中，早就已经习惯了本底核辐射（大约 3 毫希 / 年）。图 2.4.1 显示的是日常生活中的一些核辐射的强度。如此看来，其实核辐射也没什么可怕的，还是该吃吃、该喝喝，该坐飞机就去坐。

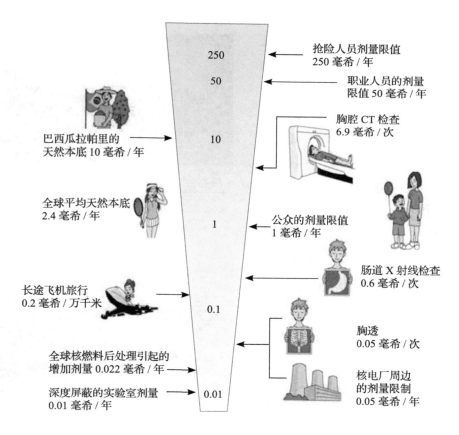

图 2.4.1　日常生活中的核辐射

2.5 自然环境下的天然核辐射

根据有关数据显示，中国公众所受天然辐射个人年有效剂量为3.13毫希（参见：全国注册核安全工程师执业资格考试辅导教材——核安全综合知识，2018版，第268页）。包括：

（1）来自宇宙射线的外照射0.36毫希，来自陆地伽马外照射0.54毫希；

（2）来自氡气的内照射1.56毫希；

（3）来自其他食物的内照射0.67毫希。

核辐射无处不在，但存在地域差异，我们来看一下以下几种场景。

图2.5.1显示的是在海拔高度接近地平线的城市街头测量到的伽马本底辐射强度，0.10微希/小时。如果在此居住一年，累计的伽马外照射剂量为0.87毫希（1毫希=1 000微希）。这就是上面的（1）项，包含来自太空的和陆地的伽马外照射。

图2.5.1　城市的街头（图片截图自电影《潘多拉的承诺》）

在海拔高度3 000米的山顶测到的伽马辐射本底强度为0.30微西/小时（见图2.5.2）。在海拔3 000米高度居住的居民，每年的伽马辐射剂量是地平面的3倍左右，达到2.62毫希/年。若再加上（2）和（3）两项（假设这两项没有变化），合计达到4.85毫希。

图2.5.2　海拔高度3千米的山顶（图片截图自电影《潘多拉的承诺》）

图 2.5.3 显示的是在短途航线
的飞机上，主要由宇宙射线引起的
伽马外照射辐射剂量率是 2.13 微希
/ 小时。国际航线由于飞行高度更
高一些，剂量率还会高一些，民用
航空器内最高可达 8.0 微希 / 小时，
军用飞机如果飞得更高一些，会高
达 10 微希 / 小时。按照 2.13 微希 /
小时计算，飞行 300 个小时的伽马
外照射剂量是 0.63 毫希。

我们再来看看历史上发生过事
故的核电厂周围，距离切尔诺贝利
核电厂 2 千米处测量得到的伽马外
照射剂量率是 0.91 微希 / 小时（见
图 2.5.4），如果在此持续生活一年
的话，外照射剂量是 7.97 毫希，此
处已经不适合公众长期居住。但是
短期参观或旅游，由于时间短，剂
量很有限，和喜马拉雅山上的剂量
差不多，不用担心太多。

在距离切尔诺贝利 5 千米远的
某小镇，测到的剂量率是 0.2 微希 /
小时（见图 2.5.5）。比 3 000 米海
拔的山顶还要低。因此目前已经有
很多居民不顾乌克兰政府的劝告，
自行决定返回家乡居住并生活十几
年了，并没有观察到具有临床意义

图 2.5.3 飞机上的辐射（图片截图自电
影《潘多拉的承诺》）

图 2.5.4 切尔诺贝利核电厂周围（图片
截图自电影《潘多拉的承诺》）

图 2.5.5 距离切尔诺贝利 5 千米的某小
镇（图片截图自电影《潘多拉的承诺》）

的辐射效应。

福岛核电厂门口，目前的剂量率水平是 0.37 微希 / 小时（见图 2.5.6），与海拔 3 000 米处相当，目前福岛市政府正在计划开发福岛的旅游项目，吸引全世界的游客去参观福岛核电厂，看到了 0.37 微希 / 小时的数据，你就知道去旅游一下根本不用担心什么了。

图 2.5.6　福岛核电厂门口（图片截图自电影《潘多拉的承诺》）

在巴西，有一个很著名的癌症病人疗养胜地，每年都吸引着大批的癌症病人前去疗养。把人体埋在高辐射本底的沙子里，沙子表面测得的剂量率水平高达 15.33 微希 / 小时，是名副其实的免费天然放射性治疗（俗称放疗）。记者问游客，为何不怕这里的核辐射，游客回答说这里是纯天然的。其实，天然辐射和人工辐射就伤害机理而言是一样的。

可见，核辐射是无处不在的，不同地区的本底差异也很大。国际辐射防护委员会根据已有的急性照射的数据得到的线性无阈理论的推定值，规定人为活动引起的公众辐射剂量限值为 1 毫希 / 年，这个安全限值目前看来是十分保守的。也就是说，根据所有的临床数据表明，一次性 100 毫希的急性照射，没有观察到任何辐射效应。那么平均到 100 年，每年就是 1 毫希。

我们说这个方法是保守的，是因为他是基于急性照射的样本数据的。举个例子，急性照射的样本表明一次 1 000 毫希的剂量是有辐射效应的，但是每年 10 毫希，持续 100 年，也许就没有辐射效应了。这是因为慢性持续照射和急性照射的伤害程度是不一样的。由于人体的免疫系统具有很强的修复能力，慢性持续的小剂量率照射，我们的人体抵抗力较强，这也是我们为了在地球上生存下来学会的与生俱来的本领。

一个自然人一年的天然本底辐射的平均值大约是 3.13 毫希 / 年，而不同地区的差异可以达到 5 毫希 / 年左右，因此慢性持续照射在 5 毫希 / 年以下的都还在天然本底照射的尺度之内，不必太过于担心。当然了，急性的高剂量率的照射和内照射还是要尽量控制总照射剂量的（例如：CT、X 射线机、氡气等）。对于低剂量率的核辐射，防护上要注意保持健康的心态，提高身体的免疫能力，有人说心理上吓出来的毛病比核辐射照出来的毛病要多得多，也是有一定道理的。

附带补充一下，职业人员的年均剂量限值是 20 毫希 / 年。剂量控制在 20 毫希 / 年的职业人员，在全世界也都没有发现"职业病"的病例。

虽然科学数据说明了日常生活中的核辐射不用太担心，但是随机性效应是有个体差异的，不同的人的抵抗力也是不一样的，因此心理上我们还是会有安全顾虑，对不对？是的，所以要"合理可行，尽量低"。人工核辐射要在合理可行的范围内，做到尽量低才是正当的。

还有，从本小节开头介绍的 ABC 三项里我们看到，天然本底照射里面有一半左右是来自于氡气的内照射，因此日常生活中要注意装修材料里面的水泥和砂石是否超标，因为这会引起室内氡气浓度升高从而使得内照射增加。

2.6 核辐射中的一些基本物理量

在讨论核辐射对人体健康影响的时候，经常会被一些高深难懂的物理量所纠结，使得公众和专家在风险认知上发生一定程度的偏差。

例如有一位家住绍兴的朋友说，你看我测到的家里的辐射剂量率是 0.4 微希 / 小时了，已经超过国家标准了。专家回答说，你测的那个是个人剂量当量，不是个人有效剂量。

那位朋友立马不淡定了，因为作为一名普通公众，谁能搞清楚个人剂量当量和个人有效剂量的差别？所以开始怀疑专家在故弄玄虚。

政府部门也会说，大家要相信专业机构的检测结果。测出来结果一致还好说，如果结论不一致，就会怀疑检测报告造假。

本小节介绍一些常用的辐射量，不想用严谨的科学符号来描述，但力求公众能够看得明白。

描述核辐射的量有很多，各种名称在历史上也经历了不少的演变，同一名称在不同历史时期的含义也不尽相同。为了统一辐射量和单位，国际上成立了一个组织，叫做国际辐射单位与测量委员会，英文简称 ICRU。目前辐射防护领域所用的辐射量和单位，绝大部分是 ICRU 定义和推荐的。不过 ICRU 确实太专业，本文不打算那么严谨专业地向公众介绍所有的那些专业的物理量，而是力求通俗易懂，期望公众能够和专家讨论问题的时候在一个频道上。

辐射量大致可分为 ABC 三大类：

（1）A 描述辐射源或场的量；

（2）B 辐射剂量学量；

（3）C 考虑辐射与人体相互作用的量。

这里比较搅局的是其中的"B 辐射剂量学量"，这些量虽然也叫剂量，但是他们不是专门针对人体的。因为除了人体以外，其他生物、甚至连结构材料（例如压力容器、混凝土墙等）也有辐照效应。因此把一般意义上的量和专门针对人体的量区分开来，这就是 B 和 C 的差别。

（1）A 类比较简单，主要就是活度。

活度：单位时间里面发生衰变的原子核数量的期望值（国际单位 s^{-1}，专门单位用 Bq 表示）。

形象地讲，就是放射源有多强，每秒钟发生多少次的衰变，如果一次衰变释放出一个放射性粒子（有些衰变会放出多个放射性粒子），那活度就是每秒钟释放出多少个放射性粒子。老式的盖革计数器是带"哔哔哔"的喇叭的，来一个射线粒子就"哔"一下，所以听到的"哔哔哔"的快慢就能听出放射源的强度。市面上有一些基于盖革计数器原理的个人剂量仪，就是把测到的伽马射线的活度，刻度成个人剂量率显示。如图 2.6.1 所示。

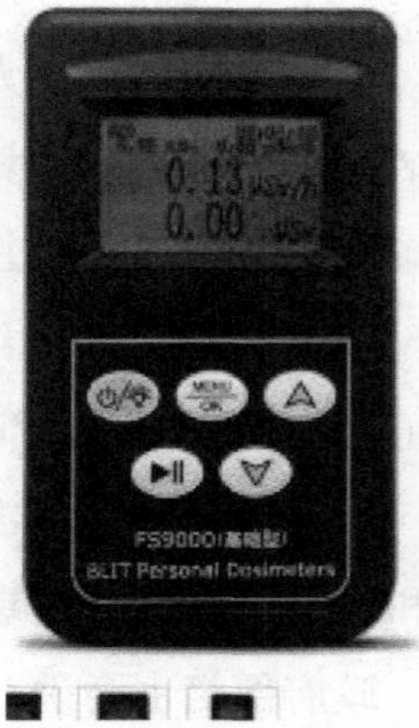

图 2.6.1　核辐射检测仪

放射源的活度与个人有效剂量是有一定的关系，但既不是简单的线性关系，也不能用任何解析函数进行描述，而是与空间距离、屏蔽条件、活动时间等许多因素有关，还要对身体的各个部分进行时间和空间积分。由于这个关系太复杂了，所以我们才需要 B 类 C 类那么多物理量来帮忙。

看到网上有一篇某大学物理学院的教授写的文章，里面直接把放射性活度等同于有效剂量，并用体育老师教的数学进行计算，得出十分恐怖的结论，是十分错误的。大学教授尚且如此分不清活度和剂量的差别，可见目前核辐射相关的科普工作是多么欠缺！

（2）B 类是剂量学专用的辐射量。

辐射剂量学主要研究辐射与受体相互作用时所发生的能量沉积、能量转移和受体吸收能量的特性研究。简单地讲，就是研究辐射和一切物体的相互作用的时候有多少能量被阻挡从而吸收，那些没有被阻挡住的射线直接穿透了，是没有辐射影响的，只有被阻挡住的部分才会引起能量的吸收。在剂量学中常用的辐射量有吸收剂量、比释动能、照射量等。

吸收剂量：单位质量受体吸收的辐射能量，专用单位名称是戈瑞（1 Gy= 1 J/kg）。

由于篇幅关系，比释动能和照射量就不在此介绍了，感兴趣的读者可以自己查阅有关资料。

（3）C 类的量就与人体相关了。

这些量与辐射引起的人体危害相关。主要有当量剂量、有效剂量、集体当量剂量、周围剂量当量、定向剂量当量以及个人剂量当量等。一会儿剂量，一会儿当量，确实有点晕吧。而且在这些物理量里，"当量剂量"和"剂量当量"居然还不是同一回事，真佩服死了 ICRU 那帮人如此严谨的科学精神。

在辐射防护领域，把这些量分为了两大类：一类是防护量，另一类是实用量。一听这叫法就有点令人发懵，实用量不能用于防护吗？防护量不实用吗？其实不是的，而是因为国际上除了 ICRU 以外，还有另外一个机构叫 ICRP 的，中文名称是国际放射防护委员会。前者侧重于辐射测量，后者侧重于辐射防护。

话说 ICRU 和 ICRP 这两班人马，各自建立了一套科学的辐射防护体系，

ICRU 的叫剂量当量（实用量），ICRP 的叫有效剂量（防护量）。这是因为从对身体的健康影响角度来看，各个不同的器官对辐射的感受是不一样的，但是对于冷冰冰的仪器来说是无法测量到这种差异的。所以一般用辐射仪器测量到的是实用量——剂量当量，而辐射防护标准里面使用的量却是防护量——有效剂量，例如：GB18871 规定公众的剂量限值为 1 毫希 / 年，这个值是"有效剂量"的含义。

这个事情确实很难令人接受，标准里面规定的是个人有效剂量，可仪器测到的如果只是个人剂量当量的话，那怎么去判断超标还是不超标？

后来 ICRU 和 ICRP 的专家们就坐在了一起，开了好几个会专门研究了这个事情，随后 ICRP 发布了一个报告（第 74 号出版物），申明除了一些"对辐射防护无关紧要的特殊情况"外（例如被核武器攻击），实用量可以"恰当地代表防护量"。怎么理解这个恰当地代表？为此，ICRP 的第 74 号出版物发布了一大堆的换算系数，如果个人剂量测量仪使用这些系数按照标准人体进行标定，那么测量到的"实用量"可以用于"防护量"。另外，也可以根据测量得到的实用量，利用第 74 号出版物里面的换算系数进行人工换算，得到防护量。

妥妥地把问题解决了对不对？

那么另一个问题就来了，我们用市面上买到的个人剂量计（见图 2.6.2）测到的是有效剂量还是剂量当量？如果个人剂量计是没有按照第 74 号出版物标定过的，个人剂量计是测到的就是剂量当量，只有标定过的才能够测到有效剂量。看来下次购买之前最好先问问清楚了，标定过的和没

图 2.6.2　个人剂量计

有标定过的价格上也会有明显的差异。当然，没有标定过的其实也能测，只是测出来以后还需要自己动手利用第 74 号出版物里面的换算系数进行人工换算，才能和国家标准去进行比较，那是专业人士才能干的活，普通公众哪有这个能耐。

好吧，那到底什么是当量剂量？什么是有效剂量？什么是剂量当量？

说清楚实用量和防护量的差异之后，我们就可以来详细介绍这几个物理量的物理含义了。

（1）当量剂量：辐射的随机效应不仅和吸收剂量有关，而且与辐射类型和粒子能量有关。用一个与辐射品质有关的辐射权重因子来考虑一下，吸收剂量就成为当量剂量了（忘记了吸收剂量的请回前面去复习一下）。专用单位为希[沃特]，符号为 Sv。

（2）有效剂量：辐射的随机效应还与受辐照的组织或器官有关。考虑不同组织（这里的组织是指肌肉、骨骼等生物学意义上的组织）的组织权重因子，当量剂量就变成有效剂量了。专用单位也是希[沃特]。

（3）个人剂量当量：是一个用于个人外照射监测的实用量。是指身体上深度为 d 处的软组织的剂量当量。对于强贯穿辐射 d 取 10 毫米，而对弱贯穿辐射 d 取 0.07 毫米，通常能分别反映器官和皮肤剂量。个人剂量当量可以用挂在体表的个人剂量计测定，专用单位还是希[沃特]。

记住，当量剂量，有效剂量和剂量当量的单位都是希[沃特]，这也是容易搞混的原因之一。

最后介绍一个案例，顺便还要补充一点很重要的科普知识，那就是国家标准的管辖权和适用性问题。例如，自己用市场上买到的个人剂量计去测家里的辐射剂量为 0.4 微希 / 小时，是否超标？

这个问题要看超哪个标准。例如规定了"人为活动引起公众剂量不得超过 1 mSv/ 年"的国家标准 GB18871《电离辐射防护与辐射源安全基本标准》是归生态环境部管辖，这个标准管的是核设施、放射源等人为活动对公众健康的影响，是专门针对实践和干预、放射源的管理的。咨询了生态环境部国家核安全局的专家，认为建筑材料里面的核辐射是否超标的问题，不属于 GB18871 的管辖范围。建筑材料辐射是否超标，归其他部门发布的国家标准管辖，应该采用相关的标准去判断是否超标，例如质检总局发布的 GB6566 是《建筑材料放射性核素限量》。当然其他部门制定相关标准的时候也可能会参考 ICRP 或 GB18871 的一些建议，但最终是否超标的裁定权要看适用的标准才行。

2.7 建筑材料中的主要放射性核素

所有建筑材料，甚至泥土和沙石都有放射性，其中的镭（Ra）、氡（Rn）、钍（Th）、钾（K）是重点要注意的放射性核素，因为他们是引起建筑物内放射性污染的罪魁祸首。其中前三个属于原子序数大于 82 的天然放射性核素，是建筑材料里面主要的放射性来源。而钾则属于原子序数小于 82 的核素，到处都有，连我们吃的盐里面也有。

地球年龄已经 46 亿岁了。经过了如此长的地质年代之后，那些半衰期比较短的核素，现在都已经基本衰变完了。目前还能天然存在于地球上的原子序数大于 82 的天然放射性核素基本都属于三个处于长期平衡状态的放射系中，只有这三大家族由于最顶层的那个老大半衰期足够长，所以留存下来了。

这三个放射系中的核素，主要是通过 α 衰变、β 衰变和 γ 衰变的。经过一系列的衰变后，直到形成稳定核素为止。

对于 α 衰变，质量数减少 4、电荷数减少 2，在元素周期表中将向前移动两个位置；对于 β 衰变，质量数不变，而电荷数增加 1，在元素周期表中向后移一个位置；而对于 γ 衰变，质量数和电荷数都不变，因此在元素周期表中的位置保持不变。

由此可见，通过 α 衰变、β 衰变、γ 衰变而形成的放射系，其中各个核素之间，质量数只能差 4 的整数倍。

（1）钍系（4n 系）；

（2）铀系（4n+2 系）；

（3）锕 – 铀系（4n+3 系）。

这三个放射系的第一个核素的半衰期和地球的年龄相近。如钍系的钍 –232，半衰期为 141 亿年；铀系的铀 –238，半衰期为 44.7 亿年；锕 – 铀系的铀 –235，其半衰期为 7.04 亿年。

钾 –40 半衰期为 12.48 亿年，由于核子数太少并没有形成自己的放射系。钾 –40 也是食物中放射性的主要核素。

　　其他的原子序数小于 82 的天然放射性核素也还有很多，例如碳 –14 是由宇宙射线激发大气里面的碳产生的。

　　（1）钍系（4n 系）。

　　钍系从钍 –232 开始，经过连续 10 次衰变，最后到达稳定核素（见图 2.7.1）。由于的质量数 A 为 232=4×58，是 4 的整倍数，故称 4n 系。这一家族里面的氡 –220 是室内空气污染的罪魁祸首之一（参见 GB6566）。

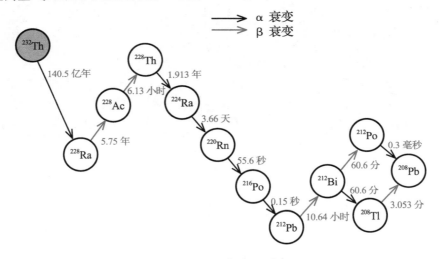

图 2.7.1　钍系（4n 系）

　　（2）铀系（4n+2 系）。

　　铀系核素，其质量数皆为 4n+2，故称 4n+2 系。这个家族里面的镭 –226 是建筑材料里面的 γ 射线的主要来源之一（参见 GB 6566）。氡 –222 则为室内空气污染的罪魁祸首之一（参见 GB 50325），其半衰期虽然很短（3.8 天），但是会源源不断地从镭 –226 那里衰变出来。

　　平时经常有人会问，装修石料的氡，半衰期只有 3.8 天，装修石料从开采到买到家里已经有很多天了，不是应该早就衰变得差不多了吗，怎么还会对人体有害？这是因为氡处于衰变系里面的，只要老大铀 –238 或钍 –232 还在，他的实际半衰期就会和老大一样长，几百万年内都不会减少的。因此只能对建筑材料里面的铀 –238 和钍 –232 的含量进行控制，不达标的不能够使用（见图 2.7.2）。

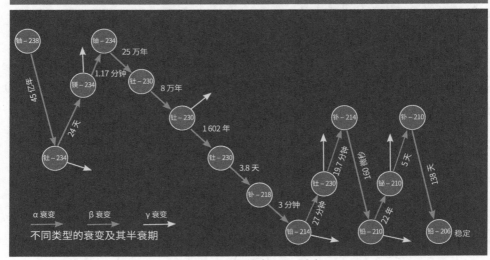

图 2.7.2　铀系（4n+2 系）

（图片来自：中国辐射防护学会译《辐射：影响与源》，联合国环境规划署，2016 年）

举个例子：假如一个人每天要花掉钱包里一半的钱，也就是钱包里钱的半衰期为一天。若初始有 1 000 元钱，10 天后就剩下不到 1 元钱了。但是若每天都有收入 100 元，半衰期为仍然为 1 天，10 天后还有多少钱呢？达到平衡态时是 100 元。所以处于衰变链中的核素的口袋里的钱还剩多少主要由最上游发工资的老大决定。

（3）锕－铀系（4n+3 系）。

锕－铀系是从铀－235 开始的，经过 11 次连续衰变，到达稳定核素。该系核素的质量数可表示为 4n+3。锕－铀系的一系列核素基本不构成建筑材料放射性的危害。

在天然存在的放射系中，缺少了 4n+1 系。后来，由人工方法才发现了这一放射系，以其中半衰期最长的镎－237（镎）命名，称为镎系（4n+1 系）。镎－237 的半衰期约为 200 万年。镎系一旦被人类制造出来以后，就将在很长的时间尺度（百万年）内长期存在了。还好，镎系的核素并不会构成建筑材料放射性的危害。

结语：就放射性而言，建筑和装修材料里面要关注的主要是氡引起的内照射，而要控制氡引起的放射性污染，主要控制建材里面的铀和钍的含量不能超过国家标准的规定。

2.8 电离辐射与非电离辐射

有人说电吹风的辐射很大，是真的吗？

这个问题的正确答案取决于问题里的"辐射"和"很大"的含义是什么。

1. 辐射

辐射有热辐射、电磁波辐射、核辐射、光辐射等多种形式的辐射。

从需要防护的角度看，通常又把辐射分为电离辐射和非电离辐射两大类。国际上有两个与辐射相关的防护委员会，一个是成立于 1928 年的 ICRP（International Commission on Radiological Protection），另一个是成立于 1977 年的 ICNIRP（International Commission on Non-Ionizing Radiation Protection）。前者是国际放射防护委员会，后者是国际非电离辐射防护委员会。前者起名的时候还没有电离和非电离的区分，因为那时候不认为非电离的辐射还需要防护啥的。后者起名的时候，为了突出区别，加了"非电离"这个限定。其实应该把前者翻译成国际电离辐射防护委员会可能更为贴切。

电离辐射是指携带足以使物质原子或分子中的电子成为自由态，从而使这些原子或分子发生电离现象的辐射。包括宇宙射线、X 射线、来自放射性物质的 α、β、γ、中子和来自加速器的质子、电子等辐射。

非电离辐射包括红外线、可见光、无线电波和微波等。指能量比较低、不会电离物质，只会改变分子或原子旋转、振动或价层电子轨态。就是除了电离辐射以外的那些不需要防护的辐射。例如电磁辐射，是电磁波向四周辐射的意思。虽然本质上讲，γ 辐射也是一种高频电磁波，但是从防护的角度，γ 辐射属于电离辐射。

2. 很大

大不大，要看和谁比，比什么方面。

和谁比。电吹风和手机比？和电视机比？和微波炉比？和 X 光拍片比？

比什么。是比功率？比范围？比伤害？还是比其他别的指标？

3. 真的和假的

回到本文开头的问题，"听说电吹风的辐射很大，是真的吗？"除了大不大取决于和谁比较之外，这个问题本身也问得很有水平，无论你回答"真的"或者"假的"都有可能掉进提问者的陷阱。

因为这个问题本身是有歧义的。就"辐射"本身来说，电吹风的热辐射确实很大啊，电吹风的低频电磁辐射的功率如果和手机比较的话也是大的啊，但就对健康的影响而言，就不一定了。若是和拍 X 射线的电离辐射相比，那更是不可比了。

其实，这个应该这样来问：

（1）"听说电吹风的热辐射很大，是真的吗？"答案："真的。"

（2）"听说电吹风有核辐射很大，是真的吗？"答案："假的。"

（3）"听说电吹风在低频区有电磁波辐射很大，是真的吗？"答案："真的。"

"那每天使用电吹风对健康有影响吗？"答案："放心使用，对健康几乎没有影响的。"

之所以会引起这么多歧义，其实还是与汉语词汇的博大精深有关系，因为辐射这个词本身内涵太丰富了。

市场上有所谓的"防辐射服""无辐射电吹风"等产品，这里的"辐射"大多都是"非电离辐射"的意思。因此市面上的"防辐射服"对于电离辐射是无效的，能防的也就是电磁波或者紫外线而已。

核电厂工作人员穿的"防辐射服"也只是起到隔离放射性物质接触皮肤而已，并不能阻挡核辐射穿过人体。

"无辐射电吹风"，也只是"无高频电磁辐射电吹风"的缩写而已，商家喜欢搞一些模棱两可的概念，吸引一些有安全顾虑的客户，消费者要用科学知识擦亮眼睛。

结语：从防护的角度看，辐射分两种，电离和非电离。分清楚了才好懂得更好地保护自己的健康。

思考题：热辐射、中微子辐射属于电离辐射还是非电离辐射？

答案：这两种辐射都属于非电离辐射。

2.9 电磁辐射对人体的影响

电磁辐射是电磁波，以相互垂直的电场和磁场随时间的变化而向四周辐射能量。

1. 到处都有电磁辐射

人类赖以生存的地球本身就是一个大磁场，它表面的热辐射和雷电都可产生电磁辐射，太阳及其他星球也从外层空间源源不断地产生电磁辐射。围绕在人类身边的天然磁场、太阳光、家用电器等都会发出强度不同的电磁辐射。

2. 电磁辐射对人体的影响

电磁辐射对人体的影响要根据其强度和频率做具体分析。电磁辐射按照频率分类，从低频率到高频率，包括无线电波、微波、红外线、可见光、紫外线、X 射线和 γ 射线等。

X 射线和 γ 射线电离能力很强，属于电离辐射的范畴，而其他电磁辐射电离能力相对较弱，属于非电离辐射。

对于较低频率的电磁辐射，从无线电波到低频紫外线范围内，对人体的影响主要是热效应，例如我们在强烈的阳光下会产生被太阳烧烤的感觉，这就是太阳光对人体产生的热效应。

日常生活中常见的手机、电脑等（见图2.9.1），所用的频段主要是无线电波和微波，属于低频率电磁辐射，由于缺少相应的样本和临床数据，目前还没有充分的证据可以说明，在正常使用的情况下，它们会对人体健康造成

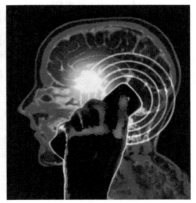

图 2.9.1　手机辐射示意图

危害。

3.高频段就是电离辐射了

对于频率更高的电磁辐射，如 X 射线和 γ 射线，它们具有电离特性，对人体的影响不再限于热效应，而是直接或间接地对人体细胞产生损伤，过量照射则对人体健康有害，所以我们要尽量避免进入高频电磁辐射区域。

思考题：β 射线是电磁辐射吗？

答案：β 辐射是电离辐射，不是电磁辐射。

2.10 纯天然的电离辐射真的是无处不在啊

1.在现实生活中，天然电离辐射真的是无处不在

我们吃的食物、住的房屋、天空大地、山川草木，乃至人的身体内都存在着电离辐射。可以说，人类就是在天然电离辐射的环境中繁衍生息，每时每刻都会受到各种各样的照射（见图 2.10.1）。

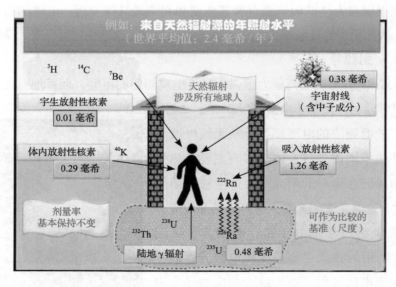

图 2.10.1　天然辐射示意图

（1）天然电离辐射的第一个来源是宇宙射线。

宇宙射线包括外层空间来的初级宇宙射线以及它与大气层中物质相互作用产生的次级宇宙射线，生活在地球上的人都要受到这种宇宙射线的辐射。

（2）天然辐射的第二个来源是土壤、岩石和饮水中的放射性元素。

如钾-40、钍、铀、镭和氡等，我们住的房屋、走的路、喝的水、吃的食物、呼吸的空气，都含有微量的天然放射性核素。

（3）天然电离辐射的第三个来源是人体内部本身就含有的放射性核素钾-40。

人体是由细胞构成的，细胞是由碳、氢、氧、氮、钠、钾、钙、镁、硫、磷、铁、钼等许许多多的元素组成的。一个成人体内约有100克钾元素，其中万分之一是放射性同位素钾-40。钾-40放出的射线约一半被人体组织吸收了，另一半辐射出体外。所以人体本身就是一个小小的电离辐射源。

由这些天然电离辐射造成的对人体的辐照叫做天然本底照射。世界平均天然本底照射剂量为2.42毫希/（人·年），我国的平均天然本底照射剂量为3.13毫希/（人·年），有些高本底的地区可以达到10毫希/（人·年）。其中40%为体外照射，60%为食入、吸入后所引起的体内照射。

2. 还有一种照射是人为照射，称为人工辐射

常见的有做X射线检查、用放射性同位素治病、看电视等，都会受到天然本底以外的额外照射。例如，一次胸部透视，剂量约为0.05毫希；一次CT检查的剂量更高，可以达到1～10毫希（取决于受照射区域的大小）（见图2.10.2）。一个人坐飞机从北京至纽约往返一次，受到的宇宙射线照射剂量大约为0.2毫希等（见图2.10.3）。

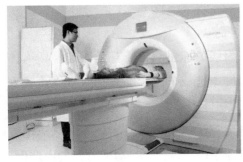

图 2.10.2　医疗照射示意图

图 2.10.3　飞机在空中飞行示意图

2.11 氚

1. 氚的基本性质

氚（音'chuān'）是氢的同位素之一，元素符号为 ^3H。氚带有放射性，会发生 β 衰变，其半衰期为12.43年。

2. 氚的用途

高纯度的氚是氢弹的原料之一，在自然界中存在极微量的氚，高纯度的氚一般通过核反应制得，用中子轰击锂可产生氚（见图2.11.1）。

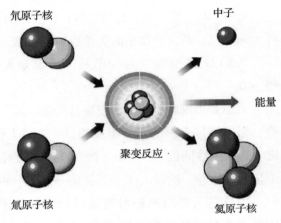

图 2.11.1 氘氚聚变反应示意图

氚在医学上还被用于放射性标记物。

3. 核电厂中的氚

由于轻水反应堆中存在大量的氢原子，氢原子在持续的中子轰击下会吸收中子从而产生少量的氘，氘进一步吸收一个中子进而产生微量的氚。通过这个方式产生的氘和氚是和氢原子共同存在的，也就是说氢、氘、氚以同位素的方式混合在一起。由于它们的化学性质是几乎一样的，因此极其难以进行同位素分离。这种低纯度的氚一般无法用于制造核武器。这种形式的氚，是核电厂流出物中的被重点监控的重要放射性核素之一。

4. 氚对人体健康的影响

氚的衰变会放出 β 射线，但氚的 β 射线的能量较低，甚至不能穿透人体的皮肤。因此如果未进入人体，氚不会对健康造成危害。但是如果被大量吸入或者食入，氚会参加细胞的新陈代谢，因而在体内长期存在，会对人体有害。

氚在医学上用于放射性标记物时，被氚标记的生物活性物质（如氚标记胸腺嘧啶），也会由于其生物学活性，被人体细胞用于细胞代谢，造成直接的内照射，从而危害摄入者的健康。

所以对氚的防护方法主要是防止其进入体内。例如,不要食用氚超标的食品,不要饮用氚超标的水等。

5. 福岛核电厂污水中的氚问题

前不久,日本内阁环境大臣原田义昭在记者招待会上表示,对于福岛百万吨含氚放射性污水,"除了果断排放之外没有其他选项"。这番言论引发国际社会的高度关注。

根据国际原子能机构 IAEA 的报告,福岛核电厂已经建成大约 960 个大型储罐以容纳约 115 万吨含氚污水。但目前含氚污水还在不断增加,估计再过三年左右的时间,储罐将完全装满,含氚污水将无处可存。因此目前迫切需要明确含氚污水的最终处置方案。所以才有原田义昭所谓的"没有其他选项"(见表 2.11.1)。

目前,以可接受的成本去除水中的低浓度氚在技术上仍然是不可行的,只能耐心等待其自然衰变,但是半衰期有 12 年左右,等待其衰变到可排放的安全水平需要几十年甚至上百年。

面对越积越多的含氚污水,日本政府组建了专门的工作组,对多种处置方案进行了研究和探讨,目前认为稀释后直接向海洋排放是最为可行的处置方案。但这一方案在日本国内和周边国家均遭到强烈反对。

如果日本在不久的将来坚持进行海洋排放,我们需要根据《联合国海洋法公约》和《及早通报核事故公约》等国际公约的相关规定,要求日本在排放前与国际社会尤其是中国、韩国和俄罗斯三个邻国协商和通报排放方案。

表 2.11.1　目前福岛核电厂含氚污水比活度情况

位置	污水内氚的比活度(贝可 / 升)
G1 南区 A5 组	625 000
H1 区 A1 组	906 000
J1 区 C1 组	1 130 000
J2 区 M1 组	468 000
H4 北区 C5 组	603 000

注:氚的排放标准为 60 00 贝可 / 升

03

核电厂基础知识

核能科普 ABC

3 核电厂基础知识

3.1 强台风再一次考验了核电厂的安全性

几天来一颗悬着的心终于放下来了！史上最强台风"山竹"（见图3.1.1）于2018年9月16日路过广东台山，2018年6月29日刚正式并网发电的EPR 1号机组就在台山（见图3.1.2），台山核电厂是台风"山竹"途径路上最大的威胁点。事实证明了还在磨合期的台山核电厂经受住了史上最强台风的考验，杠杠滴。

图3.1.1 "山竹"台风示意图

磨合期是核电厂刚开始试运行的阶段，人员和设备都需要磨合，因此是核电厂整个寿期里面相对而言最脆弱的阶段。历史上美国的三哩岛核事故就是发生在试运行阶段。台山核电经受住了史上最强台风考验！

早已久经考验的大亚湾核电厂，现场实测最高风速超过十四级（据现场人员说，然后风速计就失去信号了，爆表了！），实际风力比台山那边还要大。虽然办公楼门窗有破损、后勤设施损毁不少、树木连根拔起、小汽车平地翻滚，汽轮机厂房通风孔、百叶窗、门窗漏进了一些雨水，但核电厂主系统和主设备固若金汤，台风期间机组状态监控连一个报警信号都未曾出现，简直就是毛发无损，更没有任何人员伤亡。

目前大亚湾、阳江、台山、防城港、昌江等核电基地人员平安，全部核电机组均保持安全状态。

核电厂周边公众十分关心在强

图 3.1.2　台山核电厂

台风期间核电厂的安全性，台风期间核电厂是不是应该临时停一下堆比较稳妥？

其实不用担心，核电厂选址时，都会分析厂址周围历史上曾经发生过的各种自然灾害，当然也包括台风，从而推算出厂址海域可能发生的最大风暴，在设计中有针对性地留有足够的安全裕量。因此这次的"山竹"虽然史上最强，但也还在安全裕量以内，完全没有威胁到核电厂的安全性。

核电厂根据国家法规，还制定了自然灾害下的应急预案。根据台风级别、远近、程度，有计划、有步骤地开展应对行动，保障核电厂安全运行。

因此核电厂在台风期间一般是不需要专门停堆的。由于台风登陆过程中，为了保证电网和输电线路安全，核电机组也会根据电网调度要求适当降功率运行。当然，这不是核电厂本身的安全问题，而是为了保证周围电网的安全。

那么外面的电网万一被台风刮塌了怎么办？核电厂一般有多条输电线路（如大亚湾核电厂有4条），单一输电线路受损不会影响核电厂安全性。如出现极限状态，即使全部输电线路受损，核电厂还设计了应急柴油发电机、可移动柴油发电机等设备，这些设备能保证核电厂安全运行。

图 3.1.3　台山核电厂应急指挥部

本次应对强台风"山竹"，根据预警等级，各核电基地悬挂相应预警信号。

以颜色为令，在台风红色预警发出后，基地应急总指挥宣布进入应急待命状态，应急值班人员进入基地待命点，时刻处于紧急状态下突发事件的应急待命状态。为现场参与应急准备的全体同志加油！你们才是守护核电安全的第一道防线！（见图3.1.3）

通过史上最强台风"山竹"的考验，我们对核电厂安全的信心是不是又增长了不少？

3.2 核电厂是如何把饭煮熟的?

核电厂发的电是怎样把家里电饭锅里的饭煮熟的？这里涉及很多物理原理，让我们一起来了解一下吧。

1. 释放原子能

核电厂在装载了核燃料后，科学家们设计了一套控制装置，在堆芯里进行了自持可控的核裂变反应（这里面的原理比较高深，我们以后有机会再讲），释放出巨大的能量，这些能量把燃料棒的温度升高了。

2. 把水烧开

利用高温的燃料棒，先把水烧开成为蒸汽，为了提高效率，通常会烧成高温高压的蒸汽。水，由于具有易获得性和稳定性特点，通常会是首选的能量传递介质。

3. 把蒸汽的热能转化为机械能

这个过程在汽轮机里面完成，汽轮机的原理有点类似瓦特发明的蒸汽机，可以用蒸汽的热能来推动叶轮旋转，从而转化成为叶轮转动的机械能。风车或者水车也是类似地先把轮子转起来，通常转起来的机械能是比较好利用的。

4. 把机械能转化为电能

把转动起来的汽轮机的轴接上一个发电机，把汽轮机转动的机械能传递给发电机。发电机是一个由导电线圈和磁场构成的发电装置，利用导体切割磁力线的原理，使导体内的电子跳起整整齐齐的广场舞。通常是频率50赫兹的周期性广场舞，有点像电子在导体内荡起了秋千。

5. 把电能传送到家里

金属导体内充满了可以自由运动的电子。电子有一个特点，就是某处的电子跳起广场舞后，会迅速传播到远方的电子一起运动。传播的速度达到了惊人的每小时 30 万千米。所以核电厂发电机里面电子们的广场舞，通过电网（由良好的电导体构成的一张巨大的传输电能的网络），迅速传播到家里，这个过程不到 1/300 秒。一眨眼的功夫，核电厂里发的电就到达了家里。送电厂里的电子们并没有跑到家里，只是通过类似击鼓传花一样传递过来了能量。

6. 电饭锅里的电子也挑起了广场舞

当你把电饭锅的插头插进电插座，打开电饭锅开关的一刹那，电饭锅里加热模块（电热丝）里的电子也以 50 赫兹的频率荡起了秋千。但是电热丝的材料和墙上电线（通常是铜线）的材料是不同的，电子们在电热丝里的运动阻力比较大，广场舞有点跳不动的样子，很容易就停下来，需要远方核电厂的电子们不断地持续推动才会保持运动。是谁在阻碍电热丝里面的电子运动？是电热丝里面的金属原子们。很快电子就把运动的能量传递给周围原子，把周围的金属原子也给激怒了，暴跳如雷就发火发热了。

然后米饭就被电热丝发出的热能给煮熟了。

3.3 DIY 一个核电厂需要多少钱？

都说造核电厂很贵很贵，到底有多贵？钱都花在了哪里？带着这些问题我们来看看 DIY（英文 Do It Yourself 的缩写，意思是自己动手做）一个核电厂需要花多少钱。

若想自己 DIY 造一个核电厂，我们首先需要列一个采购清单。

DIY 一个核电厂的采购清单（根据本文作者的经验估计，可能会有出入。下表只是一个粗估的采购清单，不涉及任何商业秘密。）

表 3.3.1　建一个核电厂需要的采购清单

项目	数量	单价	小计 / 亿元
地皮	2 000 亩 （1 亩 = 666.666 666 7 平方米）	—	2.0
人工	—	—	30.0
图纸 + 技术	—	—	40.0
压力容器	300 吨	50 万元 / 吨	1.5
蒸气发生器	200 吨，3 台	80 万元 / 吨	4.8
主泵	60 吨，3 台	100 万元 / 吨	1.8
主管道	100 吨	50 万元 / 吨	0.5
蒸汽管道	300 吨	50 万元 / 吨	1.5
常规岛	3 000 吨	30 万元 / 吨	9.0
混凝土	2 万立方米	2 000 元 / 立方米	0.4
钢筋	5 万吨	6 000/ 吨	3.0
首炉核燃料	100 吨	1 200 万元 / 吨	12.0
控制系统	含主控室	8 亿元 / 套	8.0
安全保护系统	2 套	3 亿元 / 套	6.0
辅料及其他	管阀电缆等	10 亿元	10.0
配套设施	仓库办公楼等	10 亿元	10.0
造价	—	—	140.5
前期财务费用	5 年	每年 5%	35.1
总价	—	—	175.6

从中我们可以看到，建造一个 100 万千瓦的核电厂，主要的费用有这样几大块：

材料设备费：约 60 亿元；

建安人工费：约 30 亿元；

技术设计费：约 40 亿元；

融资财务费：约 35 亿元。

总价折算到每千瓦的话，大约为人民币 17 000 元 / 千瓦。

参考：这个估算与表 3.3.2 所显示的不同国家不同项目的每千瓦的成本比较的话，是相对比较保守的。根据文献来源[1]作者的表述，表 3.3.2 显示的成本是：不包括设计变更引起的材料和人工成本增加及通货膨涨造成的费用增加，在设计无大的变更、工期无拖延、经济形势无大的波动条件下的预算成本。

表 3.3.2 不同国家不同项目的每千瓦成本比较

国家及业主	厂址	装机容量 / MW	每千瓦投资 / （元 / 千瓦）
法国电力公司	Flamanville	2 × 1 000	欧元 2 800
保加利亚国家电气	Belene	2 × 1 000	欧元 1 950
加拿大公司	Bruce Power Alberta	2 × 1 100	美元 2 818
中国中广核	红沿河	4 × 1 080	人民币 10 536
中国中广核	福建宁德	4 × 1 080	人民币 11 412
中国中广核	广西防城港	2 × 1 080	人民币 9 902
俄罗斯	Novovronezh	2 × 1 068	美元 2 340
俄罗斯 AEP	Volgodonsk	2 × 1 200	美元 2 000
韩国水电与核电有限公司	Shin Kori	2 × 1 350	美元 1 851
美国佛罗里达电器照明公司	Turkey Point	2 × 1 100	美元 2 454
美国佛罗里达进步能源	Levy county	2 × 1 105	美元 3 454.5
美国 NRG	South Texas	2 × 1 350	美元 2 963
中国中核集团	浙江三门	2 × 1 100	人民币 13 317
中国中核集团	福建福清	2 × 1 000	人民币 9 660
中国中核集团	江苏田湾	2 × 1 060	人民币 12 364
中国中核集团	秦山三期	2 × 728	人民币 12 178
中国中电投	山东海阳	2 × 1 100	人民币 10 191
英国公司	Composite Projection		美元 2 400
阿联酋 ENEC	Near the Saudi border	4 × 1 400	美元 3 642
越南 Viet Nam	宁顺省宁福县宁福村	4 × 100	美元 2 850

[1] 米森 . 国际核电成本分析及建安成本探讨 [J] . 中国核工业，2010. 08.

表 3.3.2 显示的成本是申请报批时的成本预算。实际执行后的情况一般会超一些预算。例如三门核电当年的预算才 1 930 美元 / 千瓦（折算成人民币 13 000 元 / 千瓦），实际建成的时候总投资已经超过 400 亿元人民币了，折算到每千瓦大概是 20 000 元 / 千瓦，主要是项目拖期和设计变更引起的。

我们需要注意的是，核电厂虽然很贵，但是负责建造（就是别人来投资，你负责建造）一个核电厂其实还是一个很合算的买卖，因为这是一个高附加值的行业。例如由合金钢打造的压力容器，单位重量的价格达到了 50 万元 / 吨。1 万元 / 吨左右买进的钢材，做成了一个超级高压锅后可以卖到 50 万元 / 吨，一个压力容器的产值就是 1.5 亿元！

但是这个钱也不是那么容易赚到的，全世界就只有那么几家具有建造资质的供货商（中国的东方电气、上海电气等；日本的三菱、韩国的斗山等）。

如果我们在国外拿到建造一个核电厂的订单，那么其中的材料费和核燃料费，国内的供货商可以赚到大部分的钱，人工费和设计费也可以大部分被我们赚到，财务费取决于是谁投的钱，也应该大部分可以被国内的金融机构赚到。因此核电走出去是一本万利的事情，国家理应大力支持。

那么在国内投资建一个核电厂的经济性又怎样呢？口袋里有点钱的你是不是也想投资自己动手建一个核电厂？

先不说你能不能拿到所谓的路条，单从经济性上来看，也不一定是划算的，所以目前国内的资本市场并不太看好核电的投资。

这个问题要涉及建成后卖电的价格，如果能够卖到 4 毛钱一度电，一个百万千瓦的核电厂一天能收回 960 万元现金。扣除运行人员费用（约 50 万元 / 天）、各种税费管理费（约 200 万元 / 天）、燃料费（约 100 万元 / 天）、还贷款（约 300 万元 / 天）、另外还有维护和保养费用、保险费、退役基金等，估计最后还能剩点利润（约 200 万元 / 天）。整了个一百多亿的项目，每天只赚 200 万元，是不是少了一点？但这是还本付息以后的净利润，而且很稳定的长期的利润，也还是可以的。如果电费只能卖到三毛五分，或者电网不让你满功率发电，估计就快没钱赚了。所以投资核电需谨慎，5分钱的电价波动，就会把利润都吃掉。

但是看起来提供核电设备和服务的供货商们，似乎依然赚得不少。那么，设备费、设计费、人工费那么贵，能不能降一降？

这个事情也比较复杂。由于目前核电的市场体量太小，每个核电发达国家都养着几千甚至几万的设计人员，有的好多年都拿不到一个订单。真的是"三年不开张，开张吃三年啊！"例如，负责浙江三门和山东海阳 AP1000 核电厂设计的美国西屋公司，拿了那么多的设计费，最后还是被工期延误问题快被整破产，由此可见一斑。

因此要想降低核电的成本，唯一的出路就是规模效应。若很多年才建一台，肯定死贵死贵，若能每年建个三台五台的，才有规模效应。

3.4 核电到底是"核"还是"电"

我国大陆核电发展至今已四十多年历史了，经历了核电起步、适度发展、积极发展和安全高效发展四个阶段。关于核电发展的技术路线，一直争议不断。

1. 核电起步阶段

从 20 世纪 70 年代初，我国大陆核电开始起步。

核电从一开始发展，国内就存在两股力量竞争发展。客观来讲，良性的竞争是好事，正是由于竞争，使得我国的核电发展历史上出现了蓬勃发展的局面。这两股力量，一是负责研发核武器研制的二机部（核），二是负责电力开发的水利水电部（电）。

二机部在核潜艇成功下水后，主张自主开发基于核潜艇技术的 30 万千瓦压水堆。1974 年，中央正式批准了 30 万千瓦压水堆方案，命名为"728"工程。

当时，核电业务归水利水电部主管，掌握决策和资金；一机部是大型设备的制造者；二机部是动力堆和核燃料的提供者，具备核科学技术的人才优势。

水利水电部组织专家团出国考察一圈后，主张引进法国的 90 万千瓦压水堆技术。水利水电部据此筹划在江苏建设苏南核电站，选址位于江阴长山。国务院也于 1978 年批准了从法国引进两套 90 万千瓦机组的核电厂。邓小平在 1978

年会见法国外贸部长时，公开宣布中国已决定向法国购买两座压水堆核电机组。

从此，围绕核电到底是自主开发还是全套引进的所谓的方案之争，拉开序幕。其实明眼人都知道，引进吸收和自主开发本身其实并不矛盾，其核心问题是两支队伍争夺核电话语权的问题。

1979 年，这件事被报告到了军委。邓小平批示，由二机部（现中核集团）抓总。核电的主导权一下子从水利水电部转到了二机部。二机部经过评估，于 1982 年把第一台核电选址设为浙江海盐秦山。

1985 年第一座自主设计和建造的核电厂——秦山核电厂破土动工（见图 3.4.1），1991 年成功并网发电。由于采用的是完全自主的技

图 3.4.1　秦山核电厂

术，建成后很快就出口到巴基斯坦，打开了核电国际市场，也成为当时最大的出口外贸合同，赚取了大笔的外汇。

由于各种原因，水利水电部的苏南核电项目下马（主要原因可能是由于秦山核电上马，上海消纳不了那么多电力）。这支队伍（现在的中广核集团）随着改革开放的号角南下深圳，在大亚湾选到了一个厂址，继续建设基于法国 M310 技术的 90 万千瓦压水堆。

大亚湾核电厂从 1987 年开工建设，于 1994 年正式投入商业运行（见图 3.4.2），70% 的电是输送给香港的。

图 3.4.2　大亚湾核电厂

2. 适度发展阶段

党的十五届五中全会提出了"适度发展核电"的方针。在此方针指导下，我国相继建成了浙江秦山二期、广东岭澳一期、浙江秦山三期等核电厂。这阶段，

两大核电主力既是竞争关系，又是合作关系。在互相学习、互相竞争的氛围下，核电设计、建造、运行和管理水平都得到了很大提高，为我国核电加快发展奠定了良好的基础。

3. 积极发展阶段

随后，中国核电迈入批量化、规模化的快速发展阶段。

为了加快从美国引进三代核电技术，2007 年国务院决定成立国家核电技术公司。从此，中国的核电市场形成了三足鼎立的局面。

经国务院授权，国家核电代表国家对外签约，受让美国第三代先进核电技术，实施相关工程设计和项目管理，期望通过消化吸收再创新形成中国核电技术品牌的主体。

4. 安全高效发展阶段

2011 年的日本福岛核事故后，"十二五"规划确定了"在确保安全的基础上高效发展核电"的方针，核电也由此进入了安全高效、稳步发展的新阶段。

用"稳步"替换原来的"积极"，又一次体现出以"核"为重的谨慎态度。

在核电市场日益严峻的形势下，中核集团和中广核集团也强强联手，于 2016 年成立了华龙国际，推出融合两大集团技术的自主三代设计方案"华龙一号"，试图联合拓展国内和海外的核电市场。

5. 核电战略地位

核电是继水电和火电之后最具工业规模发展潜力的成熟电力供应形式，也是清洁、低碳、环境友好、输出功率稳定的经济高效能源，规模化发展核电对于落实减排目标、实现中国能源结构显著改变、满足国民经济对电力的需求、保障能源供应安全有着举足轻重的影响。

发展核电是保障我国能源安全的战略需要。实现能源结构多元化、降低对单一能源品种的依赖，是全球各国共同的战略选择。

发展核电是实现能源可持续发展的重要措施。我国能源以化石能源为主，其中电力以煤电为主。要实施大规模减排温室气体，除水电外，发展核电是在目前技术上可行的措施之一。

发展核电是实现能源与环境协调发展的有效途径。我国一次能源长期以煤炭为主，雾霾天气频繁发生，引起公众广泛关注和强烈担忧。核电是一种技术成熟的清洁能源，发展核电代替部分煤电，可以减少污染物的排放，减缓地球温室效应，改善环境，实现能源与环境协调发展。

因此，核电既是"核"又是"电"。既和水电、风电、火电一样，是电力系统的重要支柱之一，需要接受电力市场的检验，以优质低廉的价格获得市场的认可。又因为其用的是核燃料，"核"的属性必然会成为公众接受度的主要因素。

因此，"核"与"电"融合在一起就成为了"核电"，明白核电的这个多维度属性，对于将来发展核电可能会更为有利些。

3.5 横空出世的"华龙一号"

"华龙一号"是由中国两大核电集团，即中核集团和中广核集团联合开发的第三代核电技术的结晶。

1. 两大央企技术融合

"华龙一号"设计方案已经成型，已在福清、防城港、巴基斯坦等地开工建设（见图 3.5.1）。

2. 能动与非能动相结合

"华龙一号"融合了"能动 + 非能动"的先进设计理念。"华龙

图 3.5.1 福清"华龙一号"现场

一号"在能动安全的基础上采取了有效的非能动安全措施，兼顾了能动系统的成熟性和非能动系统的可靠性优势，是当前核电市场上接受度最高的三代核电机型之一。

3. 满足最新安全要求

主要技术指标和安全指标满足我国和全球最新安全要求。

4. 完全自主知识产权

具有完全自主的知识产权，为核电走出去扫除障碍。

5. 满足三代技术标准

堆芯采用先进性和成熟性统一的"177组燃料组件堆芯"和"三个实体隔离的安全系列"为主要技术特征，采用世界最高安全要求和最新技术标准，满足国际原子能机构的安全要求，满足美国、欧洲三代技术标准，充分利用我国近30年来核电站设计、建设、运营所积累的宝贵经验、技术和人才优势。

6. 经验证的成熟技术

充分借鉴了包括 AP1000、EPR 在内的先进核电技术；充分考虑了福岛核事故后国内外的经验反馈，全面落实了核安全监管要求；充分依托业已成熟的我国核电装备制造业体系和能力，采用经验证的成熟技术，实现了集成创新。

7. 强大的经济竞争力

"华龙一号"从顶层设计出发，采取了切实有效的提高安全性的措施，满足中国政府对"十三五"及以后新建核电机组"从设计上实际消除大量放射性物质释放的可能性"的 2020 年远景目标，完全具备应对类似福岛核事故极端工况的能力。"华龙一号"首台套国产化率即可达到 90%，基准造价低于 2500 美元 / 千瓦，与当前国际订单最多的俄罗斯核电技术产品相比有竞争力，与当前三代主流机型相比具有明显的经济竞争力。

怎么样？够牛气冲天的吧！核电走出去，就看你的了！

3.6 VVER 核电厂中的战斗机

VVER 是战斗民族俄罗斯设计的压水堆核电厂品牌，在国际核电市场上所向披靡，堪称核电厂中的战斗机。美国和日本都在本国发生核事故后走上了持续的下坡路，只有俄罗斯，在发生切尔诺贝利事故后越战越勇，充分发挥了战斗民族的本性，在国际市场上推出了安全可靠的 VVER 系列核电厂。让我们一起来了解一下 VVER 吧。

VVER（把俄文音译为英文为：Vodo-Vodyanoi Energetichesky Reaktor）是轻水慢化轻水冷却的动力反应堆的意思，因此 VVER 是音译的缩写，如果按

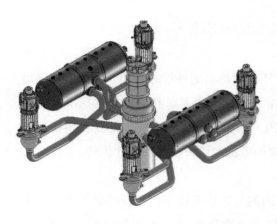

图 3.6.1　VVER 核电厂的一回路

照俄文直译的话，有时候也写成 WWER。

俄罗斯的核电厂设计技术路线主要有 VVER（压水堆）（见图 3.6.1）、BN（快堆）和 RBMK（轻水冷却石墨慢化沸水堆）。其中的 RBMK 在切尔诺贝利事故以后就不发展了。VVER 和 BN 还在迅猛发展，我国的田湾核电厂引进的是 VVER-1000 技术，霞浦核电厂引进的是 BN-600 技术。最近俄罗斯还在开展 KLT（小堆）技术的研发。

因此，VVER 泛指俄罗斯推出的一系列压水反应堆设计。VVER 最初是在 20 世纪 70 年代以前开发的，并且不断更新。功率输出范围从 70 ～ 1 200 兆瓦，将来也许还可以更高 VVER 核电厂的一回路主设备见图 3.6.2，主控室 3.6.3。

VVER 核电厂主要建造在俄罗斯，目前在全球的核电市场上具有很强的竞争力。在中国、芬兰、印度、伊朗甚至越南都屡屡中标（越南后来放弃了发展核能）。计划引入 VVER 反应堆的国家还包括孟加拉国、埃及、约旦和土耳其等。

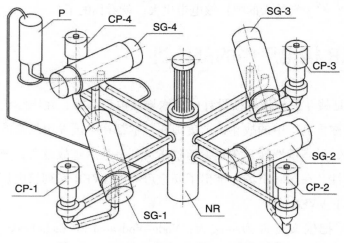

图 3.6.2　VVER 核电厂的一回路主设备

最早的 VVER 是在 1970 以前建造的。VVER-440 系列的 V-230 版本是最常见的设计，提供 440 兆瓦的电力（注：VVER-440/V-230 是指核电厂整体的设计，而斜杠后面的 V-230 则是指反应堆系统的设计）。V-230 版本采用六个主冷却剂回路，蒸汽发生器采用卧式设计。

图 3.6.3　VVER 核电厂的主控制室

功率更大的 VVER-1000 是在 1975 年后开发的，是一个四环路系统，装在一个带有喷淋抑制压力的安全壳结构中。

VVER-1000 在俄罗斯建造的主要是 V-320（有点像法国的 M-310）。采用数字化仪控后形成了 VVER-1000/V-428（又称为 AES-91），该型号向中国田湾出口并参与了 2002 年的芬兰核电厂竞标。还有一个版本是 VVER-1000/V-392（又称为 AES-92），后来出口给了印度，俄罗斯新建的核电厂也有采用，该型号也参与了三门核电厂的竞标（见图 3.6.4）。

AES-91，AES-92 是指核电厂整体设计，而 V-428 或 V-392 是指反应堆系统设计。因此，"VVER-1000/V-428"等价于"AES-91"；"VVER-1000/V-392"等价于"AES-92"。

满足三代堆标准的 AES-2006 是在 AES-91 和 92 的基础上研制出来的。基于 AES-91 发展出来的三代堆型是 VVER-1200/V-491。而基于 AES-92 技术发展出来的三代堆是 VVER-1200/V-392M。

VVER-1200 的设计纳入了自动控制、非能动安全和与第三代核反应堆相关的安全壳系统。VVER-1200/V-491 和 VVER-1200/V392M 是当前俄罗斯提供的最新三代核电厂设计，（有点类似咱们的"华龙一号"也有两个版本），其功率输出增加到约 1 200 MW，并提供了额外的非能动安全特性。2016 年 8 月，第一台 VVER-1200/V-392M 在 Novovoronezh 成功并网。VVER-1200 目前已出口到孟加拉国、土耳其和白俄罗斯等国。

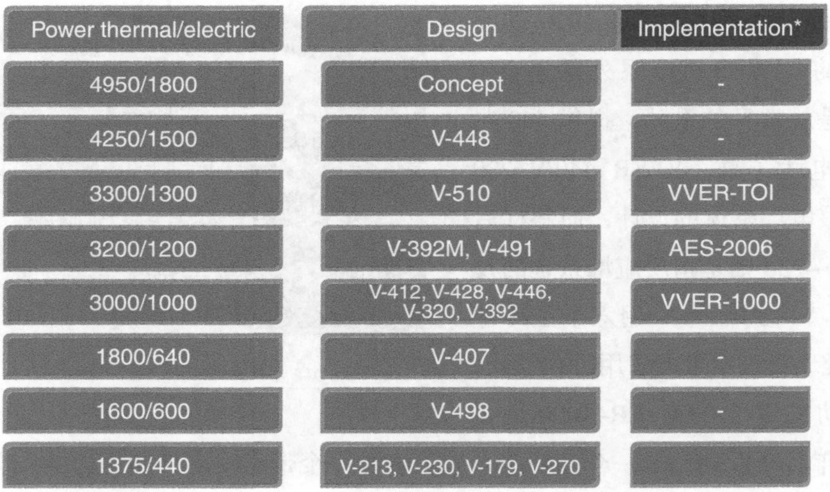

Power thermal/electric	Design	Implementation*
4950/1800	Concept	-
4250/1500	V-448	-
3300/1300	V-510	VVER-TOI
3200/1200	V-392M, V-491	AES-2006
3000/1000	V-412, V-428, V-446, V-320, V-392	VVER-1000
1800/640	V-407	-
1600/600	V-498	-
1375/440	V-213, V-230, V-179, V-270	

图 3.6.4　VVER 核电厂的不同版本

因此，VVER-1200 系列的反应堆系统设计版本有两个：V-392M 和 V-491。V-392M 引入更多的非能动安全设计，而 V-491 保留更多的基于成熟工程经验的能动安全系统。这两个版本都能达到三代堆的标准。我国计划从俄罗斯引进的田湾 7、8 号机组和徐大堡 3、4 号机组，是基于 AES-91 技术发展而来的 VVER-1200/V-491 版本。

几代 VVER 的不同版本在全球的建造情况见表 3.6.1。

表 3.6.1　几代 VVER 的不同版本

型号	版本	国家	核电厂
VVER	V—210	俄罗斯	Novovoronezh
	V—70	德国	Rheinsberg
	V—365	俄罗斯	Novovoronezh
VVER—440	V—179	俄罗斯	Novovoronezh
	V—230	俄罗斯	Kola　1～2
		德国	Greifswald　1～4
		保加利亚	Kozloduy 1～4
		斯洛伐克	Bohunice　Ⅰ 1～2

型号	版本	国家	核电厂
VVER—440	V—213	俄罗斯	Kola 3～4
		乌克兰	Rovno 1～2
		匈牙利	Paks 1～4
		捷克	Dukovany 1～4
		芬兰	Loviisa 1～2
		斯洛伐克	Bohunice Ⅱ 1～2
			Mochovce 1～2
	V—213+	斯洛伐克	Mochovce 3～4（在建）
	V—270	亚美尼亚	Armenia—1
			Armenia—2
VVER—1000	V—187	俄罗斯	Novovoronezh
	V—302	乌克兰	South Ukraine 1
	V—338	乌克兰	South Ukraine 2
		俄罗斯	Kalinin 1～2
	V—320	俄罗斯	Balakovo 1～4
			Kalinin 3～4
			Rostov 1～4
		乌克兰	Rovno 3～4
			Zaporozhe 1～6
			Khmelnitski 1～2
			South Ukraine 3
		保加利亚	Kozloduy 5～6
		捷克	Temelin 1～2
	V—428	中国	田湾 1～2
	V—428M	中国	田湾 3
			田湾 4（在建）
	V—412	印度	Kudankulam 1～2
			Kudankulam 3～4（在建）
	V—446	伊朗	Bushehr 1

型号	版本	国家	核电厂
VVER—1200	V—392M	俄罗斯	Novovoronezh II 1
			Novovoronezh II 2（在建）
	V—491	俄罗斯	Baltic 1～2（在建）
			Leningrad II 1～2（在建）
		白俄罗斯	Belarus 1（在建）
	V—509	土耳其	Akkuyu 1（在建）
	V—523	孟加拉	Ruppur 1～2（在建）
VVER—1300	V—510	俄罗斯	Kursk II 1（在建）

3.7 第三代核电技术

核电厂的发展，经历了第一代原型验证堆，第二代批量商用堆，以及最近才开始投入使用的第三代商用安全堆。

1. 什么是三代商用安全堆

三哩岛事故发生后，针对公众对核电安全性、经济性的疑虑，美国电力研究所（EPRI）在美国能源部和核管会的支持下，对进一步大力发展核电的可行性进行了研究，根据其研究成果制定出了《用户要求文件（URD）》，对新建核电厂的安全性、经济性和先进性提出了要求。

这里的"用户"指的是核电厂的业主，也就是想要投资用核电厂赚钱的人，他们要求核电厂必须达到一个他们希望的安全程度，才会愿意投资建设。我们打个比方，例如出租车司机想买一辆汽车来营运赚钱，这里出租车司机是用户，他们联合起来要求汽车生产商必须达到某一特定的安全要求才会采购你家生产的汽车，那么这样的要求就是用户要求文件，英文叫 URD（User Requirement Documents）。URD 的要求明显高于当时法规规定的安全标准。

随后，欧洲也出台了《欧洲用户要求文件（EUR）》，表达了与URD文件相似的要求。我们国家则以国务院行政部门发文的形式体现了URD的要求。

美国能源部在20世纪末提出了发展第三代核电技术，并取得全世界的共识。第三代核电技术就是指满足URD的要求，具有更好安全性的新一代先进核电技术。核电技术不同于其他技术，从第二代升级到第三代，用了二十几年的时间。例如手机通信，从2G（第二代）升级到4G（第四代）只用了十年左右的时间。

2. 第三代和第二代的根本差别

第三代核电技术与第二代核电技术最为根本的一个差别，就是第三代核电技术把设置预防和缓解严重事故作为了设计核电厂必须要满足的要求，从而大大提高了安全性。也就是说，第三代核电技术在安全问题上做到了"设计兜底"，可把厂外放射性物质释放的可能性降低几个量级。

目前，具有代表性的第三代核电技术大致有6种堆型。分别是美国西屋电气公司的先进非能动压水堆（AP1000）见图3.7.1、法国阿海珐公司的欧洲压水堆（EPR）、美国通用电气公司的先进沸水堆（ABWR）和经济简化型沸水堆（ESBWR）、日本三菱公司的先进

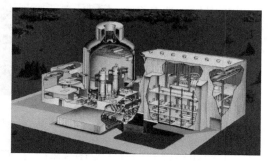

图3.7.1　AP1000核电厂示意图

压水堆（APWR）和韩国电力工程公司的韩国先进压水堆（APR1400）。我国自主设计的"华龙一号"和"国和一号"也是三代核电技术。

3. 二代堆和三代堆共存的时代

从目前的核电发展情况来看，第三代核电技术已成为当今国际上核电技术的主流。世界上核电发达国家目前已经开工建设和正在申请建设许可证的核电机组几乎都是第三代。而目前在建的三代核电站中，美国占了4台，俄罗斯有2台，法国和芬兰各有1台，中国6台（其中4台AP1000分别位于浙江三门和山东海阳，2台EPR位于广东台山）。

第三代核电技术，基本上不会发生类似福岛核事故和切尔诺贝利事故那样

的灾难，这是深刻总结了已经发生过的事故，采取大量改进后的反应堆设计技术。目前看来考验三代核电的最大挑战是其经济性和公众接受度。

全球首台 AP1000 第三代核电前段时间在中国刚刚投入运行。目前在地球上运行的绝大部分核电厂还是二代堆，而且二代堆退出历史舞台也还需要几十年的时间。如何保证这些二代堆的安全运行，是当前安全监管的主要任务，容不得丝毫马虎。

3.8 在内陆建核电厂和沿海有什么差别

内陆核电厂是指建在内陆江、河、湖边的核电厂。那么在内陆建核电厂和沿海到底有什么差别？

是有差别的，内陆核电厂有类似火电厂那样的巨大的空冷

图 3.8.1　内陆核电厂示意图

塔，上面还在冒着白气（见图 3.8.1），而沿海核电厂，由于用的是海水冷却，因此没有空冷塔（见图 3.8.2）。

1. 安全标准

我国的核电安全标准是与国际原子能机构的最新标准一致的，内陆核电厂采用空冷塔的二次循环冷却技术，要做到其淡水消耗量不会影响流域下游的水资源量才

图 3.8.2　沿海核电厂示意图

是一个合格的厂址，内陆核电厂下游水质必须达到国家规定的饮用水标准。因此在安全标准上，和沿海核电是没有差别的。

2. 辐射影响

我国内陆核电厂的水、气等流出物的排放指标均要达到国家标准，对环境和居民造成辐射影响的增加量要远低于环境本底的辐射水平，不能影响环境和公众健康。在辐射对公众的健康影响上和沿海核电是没有差别的。

3. 万一发生极端事故

内陆核电厂一旦发生大规模场外放射性物质释放时，和沿海核电厂是有差别的。

首先是辐射影响区域大小，沿海核电画个圈圈的话，有一半是在海里的，如图 3.8.3 所示。因此事故情况下影响的陆地面积要比内陆核电小一半。应急区域的陆地面积和应急准备自然也会有相应的差别。

其次是人口密度问题，内陆核电一般人口密度会较大，不过这也取决于具体的厂址条件。

然后是公众所关心的下游水资源问题。这个问题其实不大，在发生事故后，根据现在的技术是完全可以采取措施对放射性物质进行围堵封存，沿海和内陆其实差别不大。

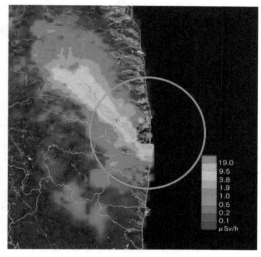

图 3.8.3　日本福岛第一核电厂的辐射影响

4. 那到底能不能在内陆建核电厂？

就能不能这个问题而言，答案是完全能的。世界多个国家发展核电的实践证明，内陆核电厂与滨海核电厂在安全性上没有本质区别。法国和美国的内陆核电比例分别占到 69% 和 61.5%，美国的密西西比河流域建有 32 台核电机组；

有些国家如瑞士、乌克兰、比利时等，其核电厂全部建在内陆。德国政府虽然放弃了核电，然而德国的边境线旁边有很多核电厂。

而且我国拟建内陆核电项目选址条件良好，拟采用的又是三代技术，因此不可能发生类似日本福岛核电厂那样的严重事故。通过采取进一步的工程措施，可以确保公众的健康。内陆核电厂对公众的健康风险远远小于人类的其他活动。

即使发生极不可能发生的核事故时，内陆核电厂也可以采取措施，实现严重事故工况下放射性污水的"可贮存""可封堵""可处理"和"可（与水体）实体隔离"。

虽然从核安全的角度看，内陆完全是可以建核电厂的。但是到底会不会建呢？这个问题比较复杂，要具体考虑当地的经济发展水平，电力需求情况，以及公众对核电的接受度等等诸多因素。慢慢来，早晚是要建的。

3.9 快中子增殖堆

核反应堆按照轰击中子的飞行速率可以分为热中子堆和快中子堆。

通常的核裂变反应堆中使用的核材料同时包含铀 –235 和铀 –238，并且铀 –238 占到总体含量的 95% 至 97%。然而，只有其中占少量的铀 –235 才能发生裂变反应。但是，铀 –238 对高速中子的捕获概率要大于铀 –235，导致大量中子被铀 –238 吸收而中子注量率降低，破坏了链式反应的继续进行。

为了降低铀 –238 对中子的吸收，提升核燃料链式裂变反应的效率，需要采用中子慢化剂将高速中子减速成为速度较慢的中子（热中子）。通常会加入较轻的原子核构成的中子慢化剂，比如轻水、重水等，利用其中的氢原子与中子碰撞，达到减速中子的目的。这种利用热中子使铀 –235 裂变的核反应堆，成为热中子堆。

如果核裂变时产生的快中子，不利用中子慢化剂予以减速，当它轰击铀 –238 时，铀 –238 便会以一定比例吸收这种快中子，变为钚 –239。铀 –235 通过吸收一个速度较慢的热中子发生裂变，而钚 –239 可以吸收一个快中子而裂变。钚 –239 是比铀 –235 更好的核燃料。由铀 –238 先变为钚，再由钚进行裂变，裂变释放出的能量变成热，运到外部后加以利用，这便是快中子反应堆的工作过程。

在快中子增殖堆内，尽管它一边在消耗核燃料钚 –239，但一边又在产生核燃料钚 –239，甚至生产的比消耗的还要多，因此具有核燃料的增殖作用，所以这种反应堆也就被叫做快中子增殖堆。

快中子增殖堆几乎可以百分之百地利用铀资源，同时还能让核废料充分燃烧，减少污染物质的排放。但是在核反应堆中制造更多的燃料是有风险的，制造出来的钚可能会促进核子增生反应，同时提炼钚必须进行的燃料再制，会产生放射性废料，可能造成大量放射性物质外泄，加上可能被用于制造核武器所需，在限制核武问题上亦有疑虑。目前，美国、英国、法国和德国都已停用这类反应堆。

快中子增殖反应堆（FBR）简称快堆（见图 3.9.1），是直接利用快中子对核材料进行轰击，从而引发链式反应，因而这类反应堆中不使用中子慢化剂，冷却剂使用液态金属钠。

（a）内部

（b）外部

图 3.9.1　某快堆核电厂

快堆中使用的核燃料包括钚和铀，其中易裂变钚含量约为 16% ～ 21%，贫化铀含量约为 79% ～ 84%。具体增殖过程包括：钚 –239 裂变释放快中子，快中子击中铀 –238，铀 –238 转变为钚 –239，钚 –239 继续释放出快中子参与反应堆。

在核反应堆中，新产生的核燃料与所消耗的核燃料之比称为转换比。当这个比值大于 1 时，亦称之为增殖比。

在快中子增殖反应堆中，钚–239一次裂变可释放出3个中子，而链式反应只需一个快中子即可维持，剩余中子被铀–238吸收后产生一个以上新的核材料——钚–239。因而快速增殖堆的转换比较大，约为1.2。

这就意味着，一块天然铀中不但有钚–239的链式反应，而且还会由于铀–238的不断衰变生成更多的钚–239。只要反应堆中有源源不断的铀–238输送，就会一直产生更多的钚–239，从而实现了钚燃料的增殖。

快中子增殖堆主要由堆芯（核燃料）、控制棒、中间热交换器、汽轮发电机等几部分组成见图3.9.2。在增殖堆的中央部位是由直径约1米的核燃料组成的堆芯，堆芯采用的是由钚和铀混合而成的MOX（混合氧化物燃料），目前使用最多的是UO_2和PuO_2。贫化铀燃料（铀–238和少量的铀–235）包围着堆芯的四周，构成增殖层，铀–238转变成钚–239的过程主要在增殖层中进行。

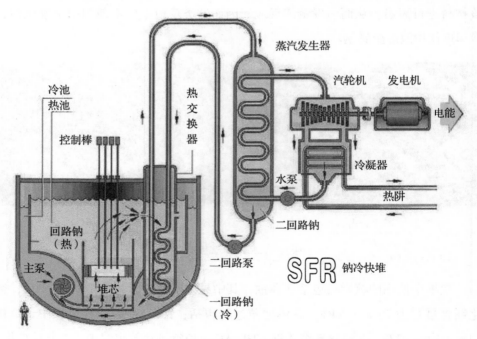

图 3.9.2 快堆核电厂系统示意图

因为快中子增殖堆中核裂变反应十分剧烈，必须使用导热能力很强的液体把堆芯产生的大量热带走，同时这种热也就是用作发电的能源。钠导热性好而且不容易减慢中子速度，不会妨碍快堆中链式反应的进行，所以是理想的冷却液体。在实际反应堆中，堆芯和增殖层都浸泡在液态的金属钠中，从而实现反应系统的迅速冷却和热量传递。

反应堆中使用吸收中子能力很强的控制棒，靠它插入堆芯的程度改变堆内中子数量，以调节反应堆的功率。为了使放射性的堆芯同发电部分隔离开，钠冷却系统也分一次系统钠和二次系统钠。一次系统钠直接同堆芯接触，通过热交换器将反应堆中产生的热量传给二次系统钠。二次系统钠可以用来加热锅炉，通过蒸汽发生器使水转变为蒸汽，用以驱动汽轮机发电。

3.10 核电厂的堆型

当前的核电厂是采用核裂变原理建造的和平利用原子能的发电装置。根据堆芯设计的不同，有很多种堆型。例如：

PWR——压水堆；

BWR——沸水堆；

FBR——快堆；

LWGR——轻水冷却石墨慢化堆；

HTGR——高温气冷（石墨慢化）堆；

PHWR——重水堆；

HWGCR——重水慢化气冷堆；

GCR——气冷堆。

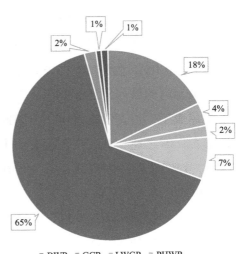

各种堆型都有各自的特点，那么到底哪种堆型最受市场的欢迎呢？我们统计了全球所有的发电用反应堆，在运行的核电厂不同堆型的装机功率分布如图3.10.1所示。

图 3.10.1 在运行的核电厂各种堆型的装机功率分布占比图

可见,压水堆占据65%,是最多的。其次是沸水堆,占18%。

对于已经退休的反应堆,占比略有变化,如图3.10.2所示。

可见,已"退休"的核电厂也是压水堆最多,不过份额从65%下降到了51%,而沸水堆则上升到了27%,这主要是由于沸水堆最近"退休"的比较多一些。

对于那些还在建设的核电厂,我们也做了一个统计,结果如图3.10.3所示。

我们可以看到,在建的机组类型已经明显地变少了,一些机型已经被淘汰不再被建造了,而更多的用户选择建造压水堆,达到72%。BWR主要是中国台湾的核四厂还算在建(其实早就建成了,一直没有发电),因此还能有一席之地。GCR在英国有一个在建,LWGR则在俄罗斯还有几个在建,PHWR在印度还有几个在建。

压水堆受到市场的欢迎,一是其安全性好,二是其经济性也不错,三是技术的成熟性很好,从而投资风险小。

我国自主开发的"华龙一号",就是采用了压水堆的堆芯。

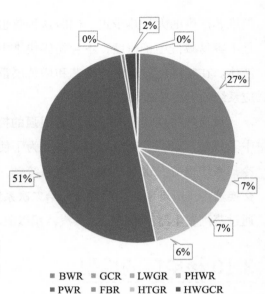

图 3.10.2 已经"退休"的核电厂堆型装机功率占比图

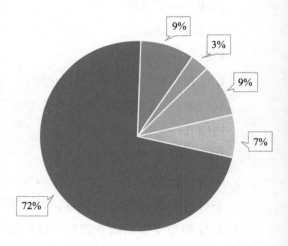

图 3.10.3 在建的核电厂各种堆型装机功率占比图

04

核安全与核事故

核能科普ABC

4 核安全与核事故

4.1 核电厂到底要多安全才够安全

核电厂到底要多安全才是足够安全的？合理可达到尽量高。

根据《现代汉语词典》第7版（见图4.1.1），对安全的解释是"没有危险；平安。"《安全工程大辞典》对安全的解释是"可接受的风险。"《辞海》第6版对安全的解释是："没有危险；不受威胁；不出事故。"

图 4.1.1　词典

这几个解释在没有危险这层含义上是一致的。认为"不可接受的风险"就是"危险"，所以安全就是没有危险，是可接受的风险。

至于"不受威胁"，由于是比较主观的一种判断，在客观讨论问题的时候，经常会被忽略（这种忽略是否科学，在新的语境下也会是一种值得探讨的问题）。

作为可接受的风险，核安全有以下三个基本特征：

（1）不存在绝对的安全。任何事情都是有风险的，是否安全在于能否接受相应的风险，核安全最终若能让公众接受，就是安全的。

（2）安全是一个相对的概念。衡量一件事情是否安全还可以与其他相类似的事情相互比较。例如核电（核辐射泄漏）和火电（引发雾霾）比较，和水电（诱发地震或溃坝泄洪）比较，从而来判断核电的相对安全性。

（3）安全是一个变化的概念。某一时期人们认为是安全的事情，随着时间和环境的变化，人们的认识也可能发生改变。

为了理解上面三点，思考多安全才是安全的，需要制定安全目标。

1. 首先来定义风险

要对不同事件的安全性进行相互比较，就需要为核安全找到一个可以量化的参数，从而使得这种比较具有可操作性。

要找到一个参量对安全进行合理的度量，需要在"危害"和"风险"的二次元里来寻找。还记得我们介绍过的公众风险沟通中的三次元风险模型吗？三次元模型就是从 NRC 的这个二次元风险模型发展而来的。

危害是一件事情产生的不利后果。当事情还没发生时，我们只能估计这件事情可能发生哪些危害，这些危害的后果有多大，以及发生这些危害的可能性有多大。

如果后果是可以量化的，发生的可能性也可以量化，那么二次元里面的风险也就可以量化了。对两个变量进行综合考虑，数学上可以用加法，也可以用乘法，还可以用更复杂的非线性函数。美国核管会 NRC 在评估以后，选择了乘法：风险是不利后果和可能性的乘积。

目前的主流观点认为，这样定义的二次元"风险"在对核电厂进行技术安全评估的时候是比较科学合理的。

2. 什么是可接受的风险

世界各国在核能发展过程中，出现过无数次涉及核安全监管当局、核电运营商和供货商、社会组织以及公众的法律诉讼案件。在这些诉讼案件中，法庭的判决结果是一致的。如强调对公众和环境的安全的"恰当防护"而不是"绝对防护"，并将"恰当防护"解释为"可接受的风险"。

3. 最后再来确定安全目标

经过广泛的讨论和争论，1986 年（很不幸，那年发生了切尔诺贝利事故），美国核管会正式发布了政策声明，确定了定性安全目标、定量安全目标和通用性能指导值。

两个定性安全目标是：

（1）应该为公众的个体成员提供保护，以至其不因为核电厂的运行而对生命和健康承担明显的附加风险；

（2）与可行的竞争发电技术相比，核电厂运行对生命和健康的社会风险应该可以比较少或更少，并且没有明显的社会附加风险。

作为对"没有明显的附加风险"的解释是，如果增加的风险水平和统计误差在一个量级上，就认为没有明显的附加风险，据此确定了两个定量安全目标：

（1）对紧邻核电厂的正常个体成员来说，由于反应堆事故所导致立即死亡的风险不应该超过美国社会成员所面对的其他事故所导致的立即死亡风险总和的千分之一；

（2）对核电厂邻近区域的人口来说，由于核电厂运行所导致的癌症死亡风险不应该超过其他原因所导致癌症死亡风险总和的千分之一。

也就是说千分之一是和统计误差一个量级的。这两个定量安全目标通常被简称为"两个千分之一"目标。"两个千分之一"目标针对的是辐射照射对人类的两种效应，即确定性效应和随机性效应。确定性效应是指在受到超过一定剂量的辐射照射后，可观测到的生理异常，如体毛脱落、皮肤溃烂、造血机能的损害，以至短时间内的死亡；随机性效应是指在受到比较低剂量的辐射照射后，作为个体成员可能不能观察到任何生理异常，但对于众多受到辐射照射的人群而言，患癌症的比例可能会有所上升。

4. 福岛核事故以后的新变化

2011 年发生了福岛核事故，我们发现上述"两个千分之一"的目标并没有被突破。因此福岛核事故以后，国际社会对于核安全的认识和观念又发生了一些变化。认为安全目标除了保护人员安全以外，环境风险也应当被适当地考虑。

实际上，在历史上，国际原子能机构（IAEA）的安全目标的表述里面一直就有对环境的考虑，只是 IAEA 是一个没有立法权的国际组织，美国在对待 IAEA 的态度上，一直就是不理不睬不当回事，不像我们国家，一直把 IAEA 的安全标准看作是权威。我们国内的核安全法规的修订也是紧跟 IAEA 的建议的。

如何认真地考虑环境风险，成了福岛核事故以后安全目标发展的新趋势和必然的要求。我国在最新发布的《核动力厂设计安全规定》HAF 102—2016 里面就引入了"设计上实际消除"大规模放射性物质释放的概念。提出核电厂必须在设计上能够实际消除可能导致高辐射剂量或大量放射性释放的核动力厂事件序列。因而在技术上实现场外应急是有限的甚至可以取消的，因而实现"没有威胁"。

结语：基于风险管理的公众和环境可接受的核安全才是安全的。

4.2 日本福岛核事故的损害赔偿情况

日本福岛核事故发生于 2011 年 3 月，事故发生后对周围 20 千米的公众进行了应急撤离。

日本东电公司在各方协助下开展赔偿，截至 2018 年 3 月 30 日，共受理了约 283 万件索赔申请，共支付了 78 615 亿日元（约 4 717 亿元人民币），其中包括疏散费用、人身伤害及检查、财物损失、营业损失、精神损害等（见表 4.2.1）。

表 4.2.1　日本福岛核事故的损害赔偿情况

	受理数	支付数	支付额
个人	1 051 000 份	946 000 份	约 30 340 亿日元
自主避难等	1 308 000 份	1 295 000 份	约 3 537 亿日元
法人及个人企业主	474 000 份	408 000 份	约 44 738 亿日元
合计	2 833 000 份	2 648 000 份	约 78 615 亿日元

注：本数据为截至 2018 年 3 月 30 日数据；
总赔偿金额未含事故发生之初的临时支付额 1 512 亿日元。

赔偿范围既包括官方要求的疏散人群 16.4 万人，也包括自行疏散的 150 万人。目前预估的事故处理费用为：第三方损害赔偿 4 717 亿人民币、核设施退役 4 705 亿人民币、清污 2 353 亿人民币和核废料贮存费用 941 亿人民币，总计需要 12 716 亿人民币。

东电公司在事故前是全日本最大电力公司，总资产约 8 700 亿人民币，净资产 1 765 亿人民币。事故后股价暴跌，日本政府进行低价收购股份开始接管东电公司进行综合改革。东电公司的损失最终会通过向用户提高电费的方法进行偿还。

有人说一旦核事故发生以后就什么都完了，其实大可不必这么悲观。首先我们从福岛核事故的处理过程可以看到：没有一个人因为过量的核辐射而死亡，所有的经济损失也都获得了应有的合理的赔偿。

4.3 福岛核电厂的核辐射泄漏途径

福岛核电厂的三个反应堆自 2011 年发生堆芯熔毁核事故之后发生了氢气爆炸，引起放射性物质的重大释放。更糟糕的是，由于设计上的问题，使得多年来放射性物质还在通过地下水持续泄漏。

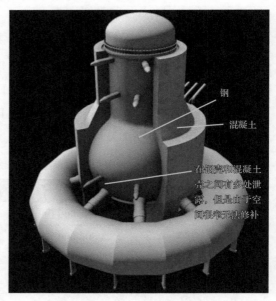

钢

混凝土

在钢壳和混凝土壳之间有多处泄露，但是由于空间很窄无法修补

我们先来看一下福岛核电厂沸水堆压力容器（见图 4.3.1）和安全壳的结构设计（见图 4.3.2）。

压力容器里面的燃料组件已经发生熔毁，引起压力容器底部已经漏水，有些熔融物可能已经进入钢制安全壳，安全壳也已经有破损。因此注进去冷却燃料组件的水会源源不断地漏到安全壳里面。而由于安全壳也发生了多处破损，然后就泄漏到安全壳厂房，然后随着裂缝渗入地下水往外泄漏（见图 4.3.3）。

图 4.3.1　福岛核电厂沸水堆压力容器

和安全壳的结构设计

放射性物质通过渗漏进地下水持续泄漏的后果就是核电厂周边海水放射性持续处于高位，得不到控制。

日本东电公司委托日立设计了一艘小巧的远程控制机器船，进到了安全壳和厂房之间的缝隙，通过视频影像发现了多处泄漏（见图 4.3.4）。

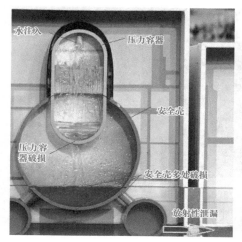

图 4.3.2 压力容器和安全壳的结构设计

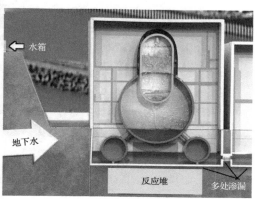

图 4.3.3 渗入地下水往外泄漏

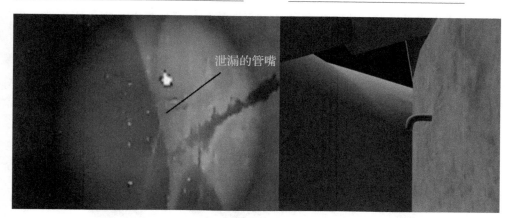

图 4.3.4 泄漏的位置

泄漏的位置位于混凝土安全壳和钢安全壳的间隙处，由于该间隙空间设计的很狭窄，根本无法堵漏（见图 4.3.5）。

图 4.3.5　设计的狭窄空间

（图片来自 NHK 拍摄的纪录片 Radioactive Water Fukushima Daiichis Hidden Crisis）

发生了破损泄漏，而事后无法堵漏，属于设计的时候没有考虑到维护空间，这属于重大设计缺陷。由于泄漏的地方无法堵住，只好想办法在外围围堵，例如采用图 4.3.6 所示的冻土办法，把周围的地下土冷冻起来，避免地下水流过从而进行围堵。

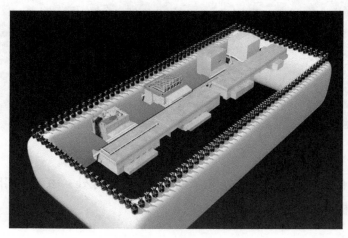

图 4.3.6　围堵

再例如采用图 4.3.7 所示的哪里检测到高辐射就围堵哪里的办法。

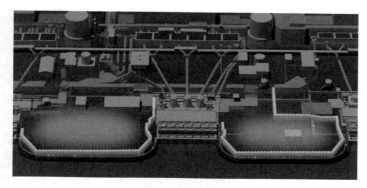

图 4.3.7 哪里检测到高辐射就围堵哪里的方法

虽有一定的效果，但都不是长久之计。到目前为止，为了保持厂房里的低水位，必须把流过堆芯漏出来的水不断收集，用于储存泄漏出来的高辐射水的储水罐也已经太多了（见图 4.3.8）！

若没法彻底堵住漏洞，就没法建立起一个闭式的冷却循环，废水量只会持续增加，最终向大海环境排放也是早晚的事。这个事情比切尔诺贝利事故更加糟糕，切尔诺贝利很快就找到了一种可持续的长期冷却方案，而福岛却至今没有办法堵漏。

如果这个漏洞一直堵不住，以后日本的海产品到底还能不能吃呢？我们会进行持续的关注。

图 4.3.8 废水储存罐

4.4 福岛核电厂周边动植物辐射影响现状

2011 年福岛核电厂发生大规模场外放射性物质释放事故后，对核电厂周边的动植物的辐射影响，既是公众关注的话题之一，也是科学研究者们关注的焦点之一。

目前核辐射污染区的剂量率分布情况如图 4.4.1 所示。

随着放射性物质的自然衰变、大气和雨水的不断稀释作用，超过 20 微希 / 小时的区域已经很少了。目前大部分显示较高剂量率的污染区基本都位于无法清理的森林里，剂量率在 3~10 微希 / 小时之间。这为研究低剂量持久照射对生物的辐射影响提供了一个天然的实验场所。

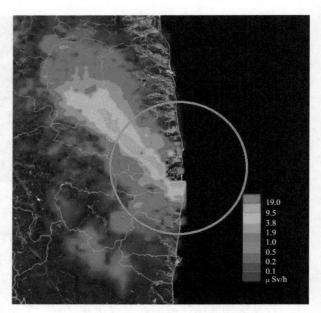

图 4.4.1　福岛周边剂量率

图 4.4.2 显示的是森林里的剂量率分布图，可以看到分布也不是均匀的，有些低洼的地方不容易被大气吹开而沉积多一些。

研究者们采集了森林里的各种动植物标本，进行观察研究。

图 4.4.3 是燕子的体内放射性物质积累情况，由于燕子要吃昆虫，因此消化道里面积聚的高一些。

图 4.4.2　树林里的剂量率

（图片来自 NHK 拍摄的纪录片

Radioactive Forest）

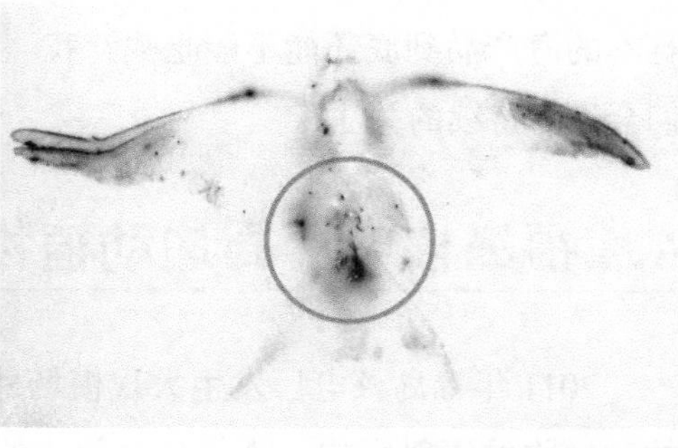

图 4.4.3　燕子的体内放射性物质积累情况

研究者也观察了老鼠，比较了辐射污染区和非污染区的老鼠体内的 DNA 变化情况，没有发现统计学上的明显差异（见图 4.4.4）。

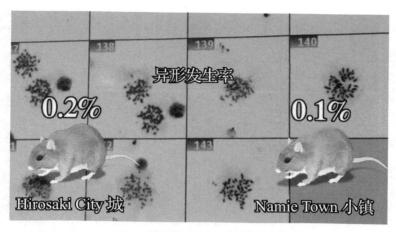

图 4.4.4　老鼠的辐射影响研究

但也确实观察到辐射把染色体打断的一些样本（见图 4.4.5），估计能够存活下来的也都是些健康的小老鼠，那些不健康的很可能就没法有机会成为样本了，因此基于捕获的样本得到的统计结论是有一定的局限性的。

对于植物，发现了新长出来的树梢上沉积较多，并把植物异形的比率和切尔诺贝利进行了一些比较，数据基本吻合（见图 4.4.6）。

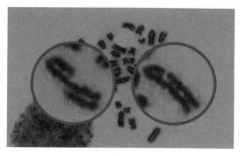

图 4.4.5　染色体打断的一些样本

图 4.4.6　植物异形

植物由于核辐射发生异形的现象，不像小老鼠那样抓不到样本，因此观察到的异形率还是比较高的，如图 4.4.7 所示。

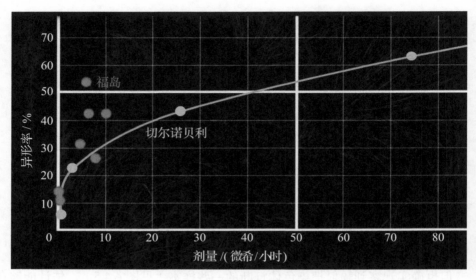

图 4.4.7　植物异形率比较

由于福岛没有高辐射污染区的样本，这点和切尔诺贝利不太一样，因此图 4.4.7 中没有超过 10 微希 / 小时的样本数据。

总体来说，在福岛周边的动植物上，到目前还没有观察到明显的辐射影响。

由于人类的外迁，造成了当地生态系统的改变，当地的野猪和狐狸成了食物链的顶端，大量繁殖，而且野猪和狐狸都变得不怕人了，似乎他们也在宣誓这块领地已经属于他们。

4.5 切尔诺贝利核事故到底死了多少人？

对于一般的事故而言，一个事故到底不幸死了多少人，应该是一个十分简单的问题。但是对于切尔诺贝利核事故，却成了一个十分复杂的问题。

我们来看看以下几种经常听到的说法：

1. 来自乌克兰的报道

1992 年，已经从苏联独立出来的乌克兰官方公布，已有 7 000 多人死于切尔诺贝利事故。图 4.5.1 为切尔诺贝利正在修建的保护壳。

2016 年，根据乌克兰卫生部的统计，有 2 397 863 人因切尔诺贝利核事故患病，其中 453 391 人是儿童（注：能统计到个位数，太佩服乌克兰统计部门的能力了）。

图 4.5.1　切尔诺贝利正在修建的保护壳

2. 我国媒体的报道

（1）CCTV-1 新闻频道：至少 9.3 万人死亡，27 万人患癌症（注：这是绿色和平组织的数据）。

（2）CCTV-2 财经频道：切尔诺贝利 30 人当场死亡。320 多万人受核辐射影响。

（3）CCTV-7 军事频道：此次核事故的直接死亡人数为 53 人，另有数千人因受到辐射患上各种慢性病。

（4）凤凰卫视：俄罗斯、乌克兰内部报道 500 万人受害，几万人致死。白俄罗斯报道 18 000 ～ 66 000 人致死，60 万人受过量辐射。第三方独立报告 3 万～ 6 万人致死。

3. 百度百科

导致事故前后 3 个月内有 31 人死亡，之后 15 年内有 6 万～ 8 万人死亡，13.4 万人遭受各种程度的辐射疾病折磨，方圆 30 千米地区的 11.5 万多民众被迫疏散。

4. 国际权威机构的报告

根据评价核辐射健康效应的权威国际组织联合国原子辐射效应科学委员会（UNSCEAR）的报告，事故后 203 人被立即送往医院治疗，其中的 28 人由于受到过量辐射照射而在 4 个月内死于急性辐射效应。到 2006 年，虽然其中又有 19 名幸存者已经死亡，但 UNSCEAR 认为这些人的死亡是各种原因引起的，与核辐射无关。

其长期的健康效应，主要表现在儿童甲状腺癌发生率的增加。例如在1990—1994 年：

（1）戈梅利州的 37 万名儿童中发现甲状腺癌病例 172 例，参照组白俄罗斯其余州共 196 万名儿童中发现病例 143 例；

（2）乌克兰北部靠近切尔诺贝利的 6 个州的 200 万名儿童中发现甲状腺癌病例 112 例，参照组乌克兰其余各州共 880 万名儿童中发现病例 65 例。

到 1996 年，这批确诊为甲状腺癌的儿童中只有 3 名死亡。除儿童甲状腺癌发生率略有增加外，迄今尚未观察到可归因于这起事故的其他任何恶性肿瘤发病率的增加和由该事故引起的遗传效应。

5. 到底死了多少人

这些数据来源不一，有些甚至互相矛盾。由于官方媒体和国际绿色和平组织等的大量报道，使得本来十分清楚的问题逐渐模糊起来。再后来，国际原子能机构 IAEA 通过调查出了一个报告，造成更加的混乱。

而一般人的大脑，在无法确定信源可靠性的情况下，是会倾向于相信对自己更为安全保守的数据的。例如大部分公众可能会觉得那么大一个事故，至少应该死掉几万人才是可信的吧。

这个问题，复杂就复杂在核辐射对健康的影响既有确定性效应，也有随机性效应。

对于辐射的确定性效应，UNSCEAR 的报告认为是 28 人，IAEA 的报告认为是 31 人，其中包括了现场死亡的 3 人，1 人死于爆炸，1 人死于动脉血栓（这个人是否应该统计进去一直也是有争议的），1 人死于烧伤。

对于随机性效应，各有各的说法。

（1）乌克兰的卫生部门和国际绿色和平组织的计算方法（确实有刻意夸大的嫌疑），主要是根据线性无阈理论推算出来的。根据该理论，1 希的急性照射，会使得致命癌症的概率增加 10%。于是估计了被迁移的人群的平均有效剂量（这是十分难以估计的，因此各方计算的结果差异巨大），然后根据总人数进行计算出可能的患癌症致死人数。对于后来参加事故抢险的几十万人员，也如法炮制，计算出一个可能的死亡人数。9.3 万人的数据大体上就是这么来的。

（2）国际原子能机构（IAEA）在 2006 年发表的切尔诺贝利核事故的评价报告中，基于剂量估计得到："在受到较明显照射的 60 万人群（在 1986—1987 年的清除人员、撤离人员和严重污染区居民）中，由于辐射照射癌症死亡率最高可能增加百分之几。这可能意味着在这些居民中由于其他原因预期致死癌症人数约在 10 万人的基础上最高增加约 4 000 人。"

国际原子能机构的这个报告受到了来自 UNSCEAR 的猛烈攻击，甚至在国际上引发了到底谁才是辐射健康效应真正的"权威"之争。

由于随机性效应的发生是随机的，具体到某一个真实的个体，是无法确定患了癌症以后是直接归因于辐射还是其他因素。因此 UNSCEAR 的结论是："没有观察到归因于辐射照射的可察觉的健康效应"。小剂量照射本来就很难观察到肿瘤发病率的增加的。只有急性大剂量照射，才有 1 希的急性照射，会使得致命癌症的概率增加 10% 的结论。UNSCEAR 决定不采取剂量估算方法去评估那些受到低剂量照射的居民的辐射效应的数量，因为认为这种预测存在不可接受的不确定性。

因此根据 UNSCEAR，目前的结论就是：切尔诺贝利核事故因辐射死亡的只有 28 个人（连现场死亡的三个人也不算，因为他们是由于爆炸、烧伤和血栓而死的）。也就是只承认核辐射的确定性效应，不承认核辐射的随机性效应。

附注：

UNSCEAR 是根据 1955 年 12 月 3 日联合国大会通过的第 913（X）号决议成立的。作为联合国大会的一个科学委员会，是在联合国系统内唯一授权的、评价和报告有关电离辐射照射水平和影响的机构。世界各国政府和组织依赖委员会对辐射源和影响的评估，将其作为评估辐射危害、制定辐射防护和安全标准以及审管辐射源的科学基础，在联合国系统内，IAEA 应用这些评估结果，履行其法定的制订辐射防护标准和导则的职责。UNSCEAR 自 1955 年成立以来，在辐射水平和影响方面开展了大量研究工作，出版了近 30 部科学报告。这些报告已成为各国政府和组织对辐射源影响评估的依据，将其作为评估辐射危害、制定辐射防护和安全标准以及审管辐射源的科学基础。

　　IAEA 是世界各国原子能领域开展科学和技术合作的政府间机构，成立于 1957 年。其机构内设有核安全和核安保司，司下设核设施、辐射、运输和废物安全处，以及核安保办公室，并成立了相应的专家委员会。根据 UNSCEAR 有关辐射效应和水平的研究结果和 ICRP 提出的防护原则和建议，制定相应的执行标准，供各成员国参考执行。

4.6 对切尔诺贝利核事故辐射影响的科学评估

　　1. 谁来评估？

　　联合国原子辐射效应科学委员会（UNSCEAR）是对切尔诺贝利核事故辐射影响进行科学评估的权威机构。

　　2. 到底死多少人？

　　1986 年 4 月 26 日切尔诺贝利核事故是核电工业有史以来最严重的事故。反应堆在事故中被毁，大量放射性物质被释放到环境中。事故在几周内造成 30 名工人死亡，100 多人受伤。苏联当局于 1986 年从核电厂周围地区撤出了大约 115 000 人，随后在 1986 年之后从白俄罗斯、俄罗斯和乌克兰又重新安置了大约 22 万人。事故给受灾者的生活造成了严重的社会和心理混乱，给整个地区造成了巨大的经济损失。这三个国家的大片地区受到放射性物质的污染，切尔诺贝利释放的放射性核素在北半球所有国家都是可测量到的（可测量并不意味着对健康有影响）。

　　3. 甲状腺癌和白血病怎么样？

　　在白俄罗斯、俄罗斯和乌克兰居民中，截至 2015 年，在事故发生时接触甲状腺癌的儿童和青少年中报告了 20 000 多例甲状腺癌病例。尽管受到强化筛查制度的影响，但许多癌症很可能是在事故发生后不久辐射照射造成的。除了这一增加之外，目前还没有证据表明事故发生 30 年后，辐射照射对公众健康产生了重大影响。没有科学证据表明，与辐射照射有关的癌症发病率或死亡率或非恶性疾病的发病率都有所上升。

　　一般人群中的白血病发病率是主要关切的问题之一（因为与其他癌症相比，

辐射照射与患白血病的时间间隔较短），白血病发病率没有升高。虽然有些高剂量照射的个人面临辐射相关影响的风险增加，但绝大多数人口不太可能因切尔诺贝利核事故的辐射而遭受严重的健康后果。

4. 辐射剂量是多少？

据评估，在事故发生后头 20 年，53 万名恢复作业工人的平均有效剂量约为 120 毫希，11.5 万名被疏散人员的平均有效剂量为 30 毫希（一次 CT 扫描的典型剂量为 9 毫希）。除白俄罗斯、俄罗斯和乌克兰外，其他欧洲国家也受到事故的影响。发生事故后的第一年，全国平均剂量低于 1 毫希，随后几年剂量逐渐减少。据估计，欧洲遥远国家一生的平均剂量约为 1 毫希。这些剂量与自然背景辐射的年剂量（全球平均值为 2.4 毫希）相当，因此对放射性意义不大。

5. 核辐射的健康效应怎样？

1986 年 4 月 26 日清晨，在工地上的 600 名工人中，有 134 人接受高剂量（0.8～16 戈），并患有辐射病。其中 28 人在头 3 个月内死亡，另有 19 人死于 1987—2004 年，其原因与辐射照射不一定有关。此外，在 1986—1990 年，53 万登记的恢复行动工作人员中，大多数受到了 0.02～0.5 戈的剂量。这一群体仍然面临癌症和其他疾病等晚期后果的潜在风险，他们的健康状况将受到密切关注。

切尔诺贝利核事故附近的普里皮亚特镇到目前为止还无常住人口居住，不过短期逗留并没有危险，当前已有成为旅游热点的趋势。在白俄罗斯、俄罗斯和乌克兰地区也造成了广泛的放射性污染，那里居住着几百万人。除了造成辐射照射外，事故还使生活在受污染地区的人的生活发生了长期变化，因为旨在限制辐射剂量的措施包括重新安置、改变粮食供应和个人和家庭的活动限制。后来，这些变化伴随着苏联解体时发生的重大经济、社会和政治变化。

过去几十年来，人们一直关注于调查切尔诺贝利核事故中释放的放射性核素引起的核辐射对健康的长期影响，特别是儿童甲状腺癌之间的联系。事故发生后的最初几个月，在白俄罗斯、乌克兰和受影响最严重的俄罗斯地区，儿童和青少年饮用了高放射性碘牛奶造成的甲状腺剂量特别高。到 2015 年，已有

20 000多例甲状腺癌病例，这些甲状腺癌的很大一部分很可能归因于放射性碘摄入量。预计切尔诺贝利核事故引起的甲状腺癌发病率上升将持续多年。

在剂量较高的参与恢复作业的工作者中，有新证据表明白血病的发病率有所增加。然而，根据其他研究，辐射引起的白血病的年发病率预计在接触后几十年内下降。此外，最近对恢复作业工作者的研究表明，白内障可能是由相对较低的辐射剂量引起的。许多患者在事故发生后的最初几年里患上了具有临床意义的放射诱发白内障。在1987—2006年期间，有19名幸存者因各种原因死亡；然而，其中一些死亡是由于与辐射照射无关的原因造成的。

除了在年轻人暴露者甲状腺癌发病率上升，以及工人白血病和白内障发病率增加的一些迹象外，因辐射引起的致死癌症或白血病的发病率没有明显增加。也没有任何证据表明其他非恶性疾病与电离辐射有关。

然而，对事故有广泛的心理反应，这是由于对辐射的恐惧，而不是实际的辐射剂量。随着时间推移，癌症发病率的上升有一种趋势，但应该指出，在事故发生之前，受影响地区也观察到癌症发病率的增加。此外，近几十年来，苏联大部分地区的死亡率普遍上升，在解释结果时必须考虑到这一点。

目前对长期接触低剂量电离辐射的长期影响的理解在科学界还是十分有限的，因为目前的剂量效应评估方法严重依赖高剂量照射和动物实验的研究。对切尔诺贝利核事故的研究可能揭示长时间低剂量持续照射的长期影响，但鉴于大多数暴露者接受的低剂量，癌症发病率或死亡率的任何增加将难以在流行病学研究上具有临床价值。

6. 结论

1986年切尔诺贝利核事故对受害者来说是一个悲剧性事件，受影响最严重的人遭受了重大困难。一些处理紧急情况的人失去了生命。虽然那些作为儿童以及紧急恢复作业的工作人员面临辐射影响的风险增加，但绝大多数人口不必生活在因切尔诺贝利核事故辐射造成的严重健康后果的恐惧之中。在大多数情况下，它们受到的辐射水平相当于或比每年自然背景水平高几倍，而且随着放射性核素的衰变，未来的暴露继续缓慢减少。切尔诺贝利核事故严重扰乱了生活，但从放射性角度来看，UNSCEAR 对大多数人的未来健康普遍持乐观态度。

4.7 公众辐射剂量限值

在开展核能公众沟通的实践中，经常会碰到这样的问题："国家标准规定公众的年有效剂量限值是 1 毫希，那么是不是超过 1 毫希 / 年就会有危险？"

针对这一问题，我们来科普一下。

1 毫希 / 年这一个公众年有效剂量限值，是我国国家核安全局参照国际放射防护委员会 ICRP 的建议，写入了国家标准 GB 18871《电离辐射防护与辐射源安全基本标准》之中的，现行有效的是 2002 版本，即 GB 18871-2002（见图 4.7.1）。

GB

中华人民共和国国家标准

GB 18871—2002

图 4.7.1　GB 18871-2002 封面

1. GB 18871 的适用范围

本标准适用于实践和干预中人员所受电离辐射照射的防护和实践中源的安全。

概括起来就是适用于实践、干预和源。

（1）适用的实践

适用本标准的实践包括：

1）源的生产和辐射或放射性物质在医学、工业、农业或教学与科研中的应用，包括与涉及或可能涉及辐射或放射性物质照射的应用有关的各种活动；（例如：核技术应用）

2）核能的产生，包括核燃料循环中涉及或可能涉及辐射或放射性物质照射的各种活动；（例如：核能全产业链）

3）审管部门规定需加以控制的涉及天然源照射的实践；（例如：航空航天）

4）审管部门规定的其他实践。（还没有想到）

（2）适用的干预情况

1）要求采取防护行动的应急照射情况；

2）要求采取补救行动的持续照射情况。

（3）适用的源

1）放射性物质和载有放射性物质或产生辐射的器件，包括含放射性物质消费品、密封源、非密封源和辐射发生器；

2）拥有放射性物质的装置、设施及产生辐射的设备，包括辐照装置、放射性矿石的开发或选冶设施、放射性物质加工设施、核设施和放射性废物管理设施；

3）审管部门规定的其他源。

可以看到，GB 18871 主要是针对核科学与技术领域出现的电离辐射防护这一问题制定的国家标准。

任何本质上不能通过实施本标准的要求对照射的大小或可能性进行控制的照射情况，如人体内的钾 –40、到达地球表面的宇宙射线所引起的照射，均不适用本标准，即应被排除在本标准的适用范围之外。也就是说不能人为控制的天然本底照射，不在 GB 18871 的适用范围之内。

2. 附录 B 里面给出公众照射的剂量限值

实践使公众中有关关键人群组的成员所受到的平均剂量估计值不应超过下述限值：

（1）年有效剂量，1 毫希；

（2）特殊情况下，如果 5 个连续年的年平均剂量不超过 1 毫希，则某一单一年份的有效剂量可提高到 5 毫希；

（3）眼晶体的年当量剂量，15 毫希；

（4）皮肤的年当量剂量，50 毫希。

因此这里的年有效剂量限值 1 毫希，是有明确的特定含义的，是指关键人群组（关键人群组的选取方法在标准里有明确的规定）的平均剂量的估计值，简单地说就是按照模型估算的关键组人群的集体剂量除以人数，而不是针对某一个特定人的剂量安全限值。

综上所述，不能说一个人一年的有效剂量超过 1 毫希就不安全了，实际上本底辐射的剂量一个人大约就有 3.13 毫希。

为了更好地理解这一概念，我们来看一个案例。最近浙江某地出现了疑似带放射性的石料进入了民用建筑的混凝土中，引起了公众对核辐射的安全顾虑。有些人用个人剂量仪测量家里的核辐射，如果超过了 1 毫希/年，是不是算超标了？

首先，对于"超标"，有一个标准的选用问题，如果用 GB 18871 来判断是否超标，对于这个案例是不具有可操作性的，自己在家里测到的剂量是没法被认定为"关键人群组的平均剂量"的，也就是说是否超标不能用 1 毫希/年这个限值来进行判断，因为这一限值的适用条件前面介绍过了。

其次，1 毫希/年不是一个安全限值（不能说低于他就对身体安全了，超过他就对身体不安全了），1 毫希/年对于健康的影响是微乎其微的，比天然本底还要小，不必有太多的安全顾虑。

那么针对这个案例，应该选用什么样的标准来评判是否超标呢？关于这个案例公众应该如何理性地维护自身的权益？涉及这个问题的有另外两个国家标准：

（1）建筑材料的放射性是否超标要参考国家标准 GB 6566《建筑材料放射性核素限量》

如果按照这个标准，最后检测了混凝土公司所用的石材的放射性超标了（检测方法要符合相应的标准的规定），那应该由质检部门对使用超标石材的混凝土公司进行相应的处罚。

GB 6566 是质检总局发布的标准（见图 4.7.2）。

图 4.7.2　GB 6566-2010 封面

（2）建筑物内的放射性是否超标要参考国家标准 GB 50325《民用建筑工程室内环境污染控制规范》

该标准在放射线方面主要检测的是氡气，按照标准规定的方法检测建筑物内的氡气是否超标（须排除装修等可能引起的氡超标的其他因素），若超标则开发商没有给用户提供合格的产品，应当承担相应的责任，当然开发商可以向上游提供混凝土的供货商发起责任追诉。

GB 50325 是住建部发布的标准（见图 4.7.3）。

图 4.7.3　GB 50325-2010 封面

所以这两个问题（石材放射性是否超标和建筑物内氡气是否超标），都不能采用 1 毫希 / 年这个标准来判断是否超标。

结语：1 毫希 / 年是一个针对实践、干预和放射源的管理限值，而不是一个是否产生伤害的安全限值。因此并不是大于 1 毫希就会对身体健康有影响。事实上，在全世界范围内，年均限值为 20 毫希的职业人员中，也并没有观察到任何与核辐射相关的职业病。

4.8 放射性工作人员的职业危险度

任何职业都是有风险的。然而有些职业风险相对小一些，而有些职业风险相对大一些。那么从事放射性相关的工作人员的职业危险度怎样呢？

我国的卫生法制与监督司在 2000 年对全国的放射性工作人员的状况做了一个详细科学的调查统计，样本数 19.4 万人，人均年有效剂量为 1.1 毫希。这是一次比较全面的调查，可见职业性放射工作人员每年实际所接受的平均有效剂量不超过国家规定年限值的 1/10。

由此得到的由于人工核辐射引起的每百万人年均死亡人数为 40 人左右（参考生态环境部核与辐射安全中心编写的《核安全综合知识》，中国原子能出版社，2018）。

为判断辐射工作的危险度，一种正确的方法是与其他职业进行比较（例如公务员、服务行业、制造业等）（见图 4.8.1），从而评价从事辐射相关工作的相对危险度。

通常来说，每百万人年均死亡人数小于 100 人（也就是职业死亡风险小于万分之一）的职业被认为是比较安全的职业，例如公务员、服务行业等（见表 4.8.1）。

图 4.8.1　职业危险度示意图

表 4.8.1　不同职业的每百万人年均死亡人数（不含自然死亡）

职业	每百万人年均死亡人数
农业	10
公务员、商业	10
以纺织业为代表的轻工业	20
机械制造业	30
放射性工作人员	40
林业	50
水利	100
建材	200
冶金	300
电力	300
化工	300
石油	500
煤炭	1 000
航空业	1 000
参考：非人为自然灾害	约 100

可见，放射性工作人员的职业危险度并不高，比非人为的自然灾害（包括台风、洪水、雷击等）还要安全些。而电力、航空、化工等则为高危险职业。

4.9 福岛第一核电厂目前的大致现状

根据 IAEA 定期发布的状态跟踪报告，日本福岛核电厂的灾害处理进展和灾民的安置都还算顺利，状态基本稳定。

1. 总体的评估

国际原子能机构第四次同行审查团认为在使福岛第一核电厂从紧急情况走向稳定局势方面已经取得了重大的进展，自 2015 年以来，已有许多改进。2018年至 2019 年期间空气剂量率、粉尘、土壤、海水、沉积物和海洋生物群的监测结果无显著变化。持续不断监测和检查食品中的放射性材料，并根据监测结果限制食品分配和取消这些限制。

2. 含氚污水

日本东电公司通过多种措施减少污水的产生还是有成效的。通过采取措施减少雨水和地下水流入建筑物，通过修复建筑屋顶受损部分等措施，抑制了污水的产生量。根据报告，受污染的水的产生量从约 470 立方米 / 天（2014 年）降至约 170 立方米 / 天（2018 年）。

经过一整套的污水处理流程后，污水中除了氚以外，大部分放射性物质都被去除掉了。这些含氚污水被储存在位于该地山上的水箱中，图 4.9.1 中的浅蓝色的区域。

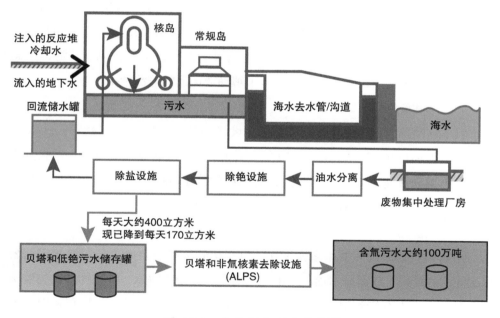

图 4.9.1　含氚污水产生示意图

截至 2019 年 6 月，含氚污水总量约为 104 万吨。2016 年 9 月日本专门成立了处理含氚污水的小组委员会。小组委员会对如何处理氚污水进行了全面研究。最近日本政府有人打算稀释后向大海直接排放含氚污水的想法，我们将密切关注此事的进展。

3. 公众沟通

日本政府一直积极加强其沟通进程，以确保及时传播关于目前状况的准确信息，并为国际社会提供多语种的服务。

在一些城市，例如田村市、米纳米索马市的一些村镇，先后取消了居住禁区和疏散令。取消疏散令的地方，经确认居民每年接受的总辐射剂量低于20毫希。日本政府编制了《撤离人员返乡放射性风险沟通政策》，以促进针对个人关注的问题，实施详细的风险沟通。重点是（a）传播准确和易于理解的信息，（b）持续发展全国范围的风险沟通，（c）改进风险沟通细则。

为了向公众解释最新情况，日本政府通过新闻发布会传播有关资料。内阁官房长官和经济产业大臣是记者招待会的主要简报人。政府利用新闻发布会、记者参观和新闻访问等多种手段，为国内外媒体，包括驻东京的媒体和其他媒体提供相关信息、新闻稿。例如，渔业局对渔业产品放射性监测点（海洋生态研究所）进行了媒体访问，以便更好地了解渔业产品的监测情况。

4. 土壤和废物

日本在清除土壤和废物运至临时储存设施（ISF）方面提供了最新的进展（不包括难以返回的区域）。截至 2019 年 3 月底，已向 ISF 运送了 262.4 万立方米的清除土壤和废物。根据最新预测，总体积约为 1 400 万立方米。计划到 2020 年 3 月底再向 ISF 提供 400 万立方米的清除土壤和废物。

5. 海域监测情况

海域检测结果没有发生重大变化。日本核管会和东京电力公司继续定期公布这些监测结果。数据显示福岛周围地区的海洋环境（海水、沉积物和生物群）的放射性水平没有受到退役和现场污染水处理活动的不利影响。特别是地下水的排放仍然对海洋环境中的放射性水平没有可探测的影响。

据日本报告，已经制定了一个全面方案，以监测包括海鲜在内的食品，国家对镉放射性核素的监管限制仍然有效。发现食物超过这些限制的地区将受到限制，以防止此类食品进入食品供应链。

4.10 核电将毁灭中国，你信吗？

偶有好友转一篇文章给笔者看，说核电将毁灭中国，你信吗？

如若说我不信，那必定是博人眼球、夸大其词的说法。

关于人类甚至地球将被毁灭的说法我们不是没听过，但绝大部分都是异想天开、杞人忧天的。比如超级地震、超级火山爆发、γ射线暴、小行星撞击、黑洞吞食、太阳耀斑、外星物种入侵、超级病毒爆发、全面核战争、地球两极磁场倒转，等。

图 4.10.1　1991 年美苏签署的
《削减战略武器条约》

且不说这些方式是否真的会发生，但这些方式倒都比核电要厉害一些。从这些可能性中与核有关的是"全面核战争"。一旦发生全面的核战争，后果确实不堪设想。从这个意义上讲，我们应该说核电正在拯救全人类。为什么这样讲呢？因为根据 1991 年美苏签署的《削减战略武器条约》（见图 4.10.1），美国和苏联的一些战略核武器的核弹头正在被逐渐拆除，稀释后的核材料正在用作核燃料，用核电厂把它们"烧"掉。

俄美 2010 年又签署了《新削减战略武器条约》（见图 4.10.2），旨在限制俄美两国保有的核弹头数量。

图 4.10.2　俄美 2010 年签署
《新削减战略武器条约》

大国之间签署这样的条约，目的就是要想办法销毁核弹头，而销毁核弹头最好的方法就是用核电厂把它们"烧"掉。

那么核电厂发电后产生的"核废料"呢？其实专业术语叫作"乏燃料"，而不是"核废料"，因为乏燃料里面有很多有价值的东西可以提取，不全是废料。

有人说："核废料主要是重金属，具有极高的放射性，猛烈的生物毒性，漫长的衰变周期，只需要 10 微克即可以让人致死！一个 100 万千瓦的核电厂一年产生 30 吨高能核废料，40 年就是 1 200 吨，可以毒死 1 200 亿人，可以让全人类死 20 遍！"

可以让全人类死 20 遍，这也太恐怖了吧！

可是仔细一想，觉得不对劲。那为何到现在为止，全世界还没有一个人因为核电厂的乏燃料里如此猛烈的生物毒性而死掉呢？

我们不妨来做个类比。

大家都知道一度电大概可以电死好几个人吧？那么全世界发电厂每年发出的那么多电，又可以让全人类死多少遍呢？按照这样的逻辑，大概我们也可以说："电将毁灭中国"了吧？这里面的逻辑显然是荒谬的。因为我们有相应的安全措施，谁也不会拿电去随便电死人，谁也不会用核电厂的乏燃料去毒死人。事实情况也是这样，到目前为止，全世界还没有一个人被如此猛烈的重金属毒死过。因为我们有相应的安全措施，不至于让发电厂发出的电去电死全人类多少遍，而是用电去造福全人类，让人类过上有电的幸福生活。

环保主义者们具有忧患意识是好事，可以随时提醒大家要保护好人类的生存环境，改善我们赖以生存的地球环境。但是，过分夸大其词，耸人听闻，妖魔化一些新的技术，那就应该另当别论了。

4.11 核电厂会影响周围的农作物和海产品吗？

网传福岛周边海域的很多生物已经基因突变，真的吗？是假的。

1.核辐射可引起基因突变是真的

核辐射技术早已经被广泛用于辐射育种，这是真的。辐射育种利用电离辐射处理生物，以诱发突变，从中选出优良变异个体，通过一系列育种程序，培育出新品种。

但是，辐射育种要利用具有很高能量的射线照射种子，使种子细胞内的染色体断裂，使它的位置、结构和基因发生变化。利用辐射育种，一般采用半致死剂量，使农作物变异率比自然变异高出几百倍以至上千倍，而且产生的变异特性是多种多样的，有的直接死掉，有的存活下来产生新的更好的品种，大大缩短了育种过程。

2. 核电厂正常运行情况下

核电厂正常运行情况下，对环境的影响微乎其微。按照国家有关法规标准，一个核电厂运行时对周围公众的辐射剂量贡献不得超过 0.05 毫希。这样小的剂量是不会引起周围环境中的生物产生可观测到的遗传效应的。核电厂周围有辐射监督站在时刻监测着其是否超标，我们国家的那么多核电厂运行了那么多年了，从未发生过一个核电厂超标的情况。大家完全可以放心的。

3. 福岛核电厂周边的情况

日本福岛核电厂于 2011 年发生事故后，引起了厂外放射性物质的释放是真的。但主要的高污染区在厂区内部，厂区外部的剂量率并不高。所谓剂量率就是单位时间内的剂量，也就是说一个人待在某处一个小时接受多大剂量的照射。绝大部分地方都在 10 微希 / 小时以内，如此小的剂量率完全不会引起可观察到的辐射变异的。日本的一些科研机构和国际原子能机构一起，对周围的生态在进行长期的跟踪，并定期发布官方的报告，并没有观测到异常的情况。野猪变多了倒是真的，原因是因为那里人少了，野猪的生存环境变好了。

4. 网传的图片基本都是假的

看了一些网传的基因变异图片，基本都是假的。有的是明显采用图片技术合成的，有的是自然情况下变异的一些奇奇怪怪的照片。在自然情况下，就会有生物自发地产生出畸形的后代，这是谁都知道的事情。有些照片还和以前妖魔化切尔诺贝利核事故的照片一样，只是重新合成一个新的背景罢了。

5. 结论

网传福岛周边海域的很多生物已经基因突变是假的。

核电厂会影响周围的农作物和海产品吗？不会的。

05

核技术应用

核能科普 ABC

5 核技术应用

5.1 用加速器打碎粒子看世界

现在人类对客观世界的认识，已经深入到亚原子级别了。科学家们通过建造各种各样的加速器（见图 5.1.1），去轰击各种微观粒子，探寻自然界的原理。

图 5.1.1　加速器示意图

1. 加速器的起源

大约在 1909 年，卢瑟福通过 α 射线轰击金箔的散射实验发现了在原子里面存在原子核的事实。大约十年后，卢瑟福离开曼彻斯特，担任了卡文迪许实验室主任。在曼彻斯特的最后一年以及在剑桥的最初几年，他都在用 α 射线轰击各种原子核，发现质子的同时，也证明了原子核可以被人工改变。当年卢瑟福还没有加速器，用来轰击的 α 射线只能来源于天然放射性核素。

大约到了 1930 年，一位美国科学家劳伦斯开始建造粒子回旋加速器。此后，众多科学家尝试用不同的方法将粒子加速并互相碰撞，从而产生更多新的粒子，渴望一窥微观世界的究竟。

随后，如雨后春笋般，各种各样功能强大的加速器被制造了出来。劳伦斯被授予 1939 年诺贝尔物理学奖（见图 5.1.2），元素周期表里面的第 103 号元素铹（Lr）以他的名字命名。

2. 加速器的基本原理

现代的加速器已经是一个大家族了，有沿着直

图 5.1.2　劳伦斯

线跑道不拐弯的直线加速器、有一圈一圈跑的回旋加速器（见图 5.1.3）等多种形式。加速器利用电场和磁场的结合，操纵粒子（比如质子）沿着一定的轨道做直线或环运动，同时把它们提升到越来越高的能量水平。然后可以让这些粒子飞出去碰撞，并把能量传递给被碰撞的目标。

根据爱因斯坦的质能转换公式，能量越高，产生大质量粒子的可能性也越大。科学家们通过加速器，设计了各种各样的对撞机（见图 5.1.4），寻找这些转瞬即逝的新粒子，从而使一些基础科学的推论得到验证。

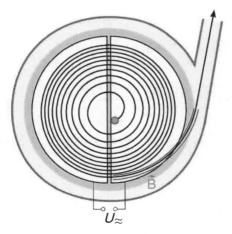

图 5.1.3　回旋加速器原理图

图 5.1.4　对撞机

3. 加速器的应用

虽然加速器最初诞生时，是核物理研究的工具。第二次世界大战爆发后，加速器开始扩展到基础研究以外的领域。射线辐射技术在工程、医药、生物学等方面有着广泛的应用，以此为目的的低能加速器也随之发展了起来。

加速器能够产生多种射线，在辐射加工、无损检测、辐照育种、杀虫灭菌、医用诊疗（见图5.1.5）等多个领域发挥了作用。

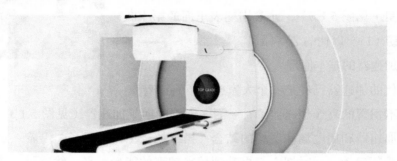

图 5.1.5　医疗设备

加速器和其他依靠放射性核素衰变的辐射源相比，具有十分明显的优点：只要开关一断电就马上没有了核辐射。这使得加速器在核技术应用领域可以大显身手。

中子能否用加速器进行加速？若不行，可以用什么方式加速中子？

中子整体不带电，因此不能用电磁场对其进行加速，加速中子可以用高能粒子碰撞法或者利用加速器驱动的核反应直接产生高能中子。

5.2 放射性同位素在安保和防恐领域的应用

同位素与核辐射技术在打击走私和恐怖主义活动、保障人民生命安全和健康方面发挥了重要作用。

1. 放射性物质及爆炸物检测

打击恐怖分子利用放射性物质危害社会，阻止放射性物品的非法转移是十分必要的。专业的检测仪器可对行人、行李、包裹、车辆等是否携带放射性物质和爆炸物进行实时检查（见图5.2.1）。

2. 反恐核侦查

高灵敏快速识别反恐核侦查车是当年专门为保证北京奥运会研制的高度集成的核反恐、核应急快速响应系统，可进行核与辐射反恐巡查和核与辐射突发事件的应急监测。具有摄像、核监测数据、GPS、电子地图导航的实时数据传输等功能，是反恐的有力武器（见图5.2.2）。

3. 杀灭炭疽菌

美国"9·11"事件后，炭疽菌震惊了全世界。为什么炭疽菌如此可怕？专家告诉我们说，炭疽菌以孢子形式传播，那些几乎无生命的孢子藏在邮件里，无论是严冬或酷暑，外界的变化对它们都不起作用，孢子们在静静地等待时机，一旦被人们接触，它们就会成为致命病菌（见图5.2.3）。

图 5.2.1　爆炸物检测

图 5.2.2　反恐核侦查

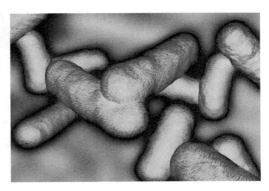

图 5.2.3　炭疽菌

为杀灭炭疽菌，我国自行开发研制了自屏蔽式电子束辐射灭菌加速器。加速器电子枪发射出高功率的电磁波，当传送带上的被照射物品通过高能电子帘辐射区后，被辐照物品中的生物细菌就会被全部杀死，可杀灭邮件、邮包中的炭疽菌、天花、鼠疫等生物细菌，经过处理的邮件和物品不会残留任何放射性。

4. 打击走私犯罪的集装箱检查系统

近年来，作为国际货运的主要方式，集装箱运输在带来快捷、方便的同时，也被一些不法之徒用来走私货物、贩卖毒品、偷运武器和爆炸物，严重威胁着国家的经济秩序和社会安全。

利用加速器或钴-60作射线源的集装箱检查系统可有效打击这些犯罪活动。该系统由射线源、探测器、图像处理系统、拖动系统、控制系统和辐射防护与安全系统六部分组成。使用钴-60集装箱检查系统，当集装箱通过时，快门自动打开，钴-60发出的 γ 射线被准直器约束成扇形片状窄束，穿过集装箱到达探测器。探测器将接收到的 γ 射线转换成电信号，送到计算机进行图像处理（原理有点类似摄像机，只是摄像机工作在可见光波段），可在屏幕上将集装箱内隐藏的走私品、毒品、武器和炸药等显示得一清二楚，有效地打击了走私犯罪活动。图 5.2.4 是清华同方威视研发出来的基于加速器技术的行李检查系统，更安全、更灵活。

图 5.2.4　同方威视的行李检查系统

5. 为鲜活农产品运输保驾护航

为建立顺畅、便捷的鲜活农产品流通网络，促进农民增收，国家在高速公路设立了绿色通道，对装载鲜活农产品车辆免收或减收通行费。

但近年来，假冒绿色通道车辆逃漏通行费的行为猖獗，给高速公路的正常运营带来不利影响。为打击和震慑不法分子，我国研制了高速公路绿色通道车辆检查系统。该系统利用射线辐射成像原理，将车辆内部物品的轮廓和形态呈现在计算机屏幕上，具有检查速度快、准确性高、安全性高、图像清晰、节省成本的特点。现在，绿色通道检查设备已在全国多个省、市、自治区投入运行，有力地打击了借用绿色通道政策逃漏通行费的行为，挽回了收费损失，规范了收费秩序。

5.3 辐射育种

早在 20 世纪 50 年代人类就开始了同位素与辐射技术应用于作物育种、土壤肥料、病虫害防治、畜牧、水产和农业环境保护等领域的研究，对农业科学技术进步和农业生产的发展产生了深刻影响，取得了显著的经济效益和社会效益。

辐射育种利用辐射诱变技术选育农作物新品种。

1. 原理

利用射线照射农作物的种子、花粉、植株或枝条等，引起农作物内部遗传基因的改变，从而产生各种各样的变异甚至是自然界没有的变异。辐照过的种子、植株，经过人工几代选择和培育，便可获得新的优良品种。

2. 实践

我国在农作物辐射育种领域成绩斐然，诱变育成突变品种占世界诱变品种总数的 25% 以上。突变品种的种植面积在 900 万公顷以上，先后有 18 个品种获国家发明奖，如"鲁棉一号"、水稻"原丰早"、小麦"山农辐 63"等。

图 5.3.1　水稻"原丰早"

浙江农大育成水稻新品种"浙辐 802"连续 9 年居全国常规稻推广之首，累计种植面积达 1 050 万公顷，成为世界上推广面积最大的水稻突变品种。

中国农科院原子能利用研究所利用辐射诱变和花药培养方法，选育出大穗、矮秆、抗病的超高产小麦新品系"H92-112"，产量达 9 吨 / 公顷左右。

山东省农科院原子能利用研究所继"鲁棉一号"之后，利用辐射诱变和常规育种方法相结合，选育出具有陆地棉和海岛棉性状的长绒棉新品系"鲁棉 343"，其最大绒长达 36.4 毫米，适宜在黄淮棉区种植，是我国在选育改良长绒棉花品种研究中的一个突破进展。

3. 与转基因技术的差别

辐射育种的新品种和转基因技术有明显的不同，转基因是人为编辑基因，有可能存在安全风险；而辐射育种是通过人工的方法加速自然选择的过程，没有任何安全风险。

4. 最新发展

图 5.3.2　棉花

近年来，我国又利用返回式卫星和神舟飞船搭载农作物种子进行航天育种的研究，利用宇宙射线、微重力、高真空、交变磁场对种子进行诱变作用产生有益变异，选育出高产、优质、抗逆性强的水稻、小麦、棉花、油菜、蔬菜、花卉、牧草等新品种。

5.4 用核辐射防治害虫是什么黑科技

在农业领域有一项很有用的技术就是用核辐射防治害虫，从而大大减少农药的使用量。

1. 基本原理

这项技术的基本原理是让昆虫不能繁殖后代，叫做辐射不育技术（见图 5.4.1）。

2. 方法

辐射不育技术是一项无公害的生物防治新技术。它利用钴-60、

图 5.4.1　昆虫

铯-137 放出的 γ 射线或加速器产生的电子束，对害虫的虫蛹或成虫进行一定剂量的照射，使其雄虫失去生殖机能，从而断子绝孙，它既可灭绝害虫又不产生公害（见图 5.4.2）。

3. 实践

我国自 20 世纪 60 年代以来，先后对玉米螟、蚕蛆蝇、小菜蛾、柑桔大实蝇、棉铃虫等 10 多种害虫进行辐射不育研究、工厂化饲养和大面积田间释放，效果达 90% 以上（见图 5.4.3）。

图 5.4.2 被虫子啃过的菜叶

特别是对柑橘大实蝇的人工饲养成功并在贵州惠水县 1.8 公顷计 10 多万株柑橘树的橘园内，连续释放 160 多万头不育虫蝇，使柑橘大实蝇的受害率由释放前的 5.19% 下降到 0.098%，柑橘年产量由 23.7 万千克上升到 50.3 万千克，取得显著效果。

图 5.4.3 害虫

5.5 放射性同位素在医学领域的应用

放射性同位素在医学领域的应用十分广泛，利用放射性同位素产生的电离辐射来进行诊断和治疗已经是现代医学的重要组成部分。同位素诊疗方法还是重要的医学研究手段，通常新药在试用于临床之前，都要用放射性同位素加以标记，用来研究药物在身体内代谢的规律。

1. 诊断疾病

应用核医学检查，不仅能显示机体内不同器官组织的形态结构，而且同时可以分析组织的生理及代谢变化，对器官组织的功能做出判断，具有安全、可靠、快速、灵敏等优点。

（1）锝–99m 药物

核医学临床诊断中应用最广泛的放射性核素是锝-99m，它的半衰期短（6.02 小时），化学毒性很小，安全可靠。临床上可静脉注射锝-99m 标记的放射性药物（见图 5.5.1），利用计算机单光子断层显像仪在体外加以测量，根据显像图上显示的脏器大小、位置、形态及

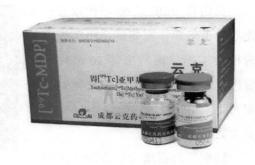

图 5.5.1　同位素药物

放射性分布情况，便可诊断出人体脏器和组织如大脑、心肌、肾、骨骼、肺、淋巴、甲状腺等的疾病。具有安全，可靠，灵敏度高，可进行动态、定量观测等优点。

（2）正电子发射计算机断层显像

正电子发射计算机断层显像（PET）是目前所有显像技术中最有前途的显像技术之一。我们知道，许多疾病的发生、发展过程往往是生理、生化方面的变化早于病理、解剖方面的变化。

PET 的优势就在于它是活体生物化学显像，因而在病变的早期就可以发现。它所使用的放射性核素如碳-11、氮-13、氧-15 等都是人体的重要组成元素的同位素，可以代替相应机体分子中的碳、氮、氧原子，而不会改变分子的结构和生化特性。

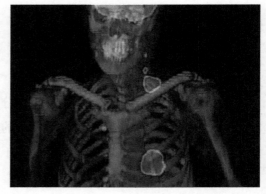

图 5.5.2　正电子发射计算机断层显像

PET 可以显示正常和异常情况下活体组织的生化变化，确定病变的性质及恶性程度，预测病理并直接指导治疗。PET 在核医学史上是一个划时代的里程碑（见图 5.5.2）。

（3）放射免疫分析

放射免疫分析是以放射性核素标记的配体为示踪剂，在体外完成的微量生

物活性物质检测技术。具有灵敏度高、特异性强、准确度好、操作简便及应用广泛等特点。使用放射免疫分析进行疾病检测，是一项放射性核素不进入人体内即可进行超微量生物活性物质测量的技术。

体外放射免疫分析技术广泛应用于基础及临床医学的各个领域，如药理学、药物学、生理学、肿瘤学、生物化学、免疫学、血液学、妇产科学、儿科学、法医学等。

据统计，用体外放射免疫分析技术可测定体内各种微量生物活性物质如激素蛋白质、环磷酸腺苷、抗原、抗体、维生素和药物达 300 种以上，成为临床不可缺少的手段。

2. 治疗疾病

用同位素技术治疗疾病，是目前人类征服癌症的曙光。

用同位素、重离子、中子进行肿瘤的放射治疗是目前临床上较为理想的治疗手段。放射治疗是使用放射源或将放射性核素引入体内，利用其发出的射线的电离作用破坏病变组织或改变组织代谢，杀伤病变细胞而达到治疗的目的。

放射治疗的特点是患者无痛苦、安全、简便、疗效好、并发症少，对许多疾病的治疗有着不可替代的作用。

（1）重离子治癌

重离子治癌是当代公认的先进有效的放疗方法。所谓重离子，是指比氦重并被电离的粒子。

与常规放疗射线相比，重离子以其在物质中的剂量集中于射程末端的物理学特性和高的相对生物学效应，用于治癌时具有明显的优势：对病灶周围健康组织损伤最小，对癌细胞杀伤效果最佳，在线精确监控照射位置和剂量，疗程短、无痛苦，几乎没有副作用。因此，重离子被国际上公认为 21 世纪最理想的

图 5.5.3　重离子治癌

放疗用射线，特别适宜于外科手术、化疗、常规放疗无效或易复发的难治病例（见图5.5.3）。

（2）伽马刀

用伽马刀治疗脑部肿瘤是一种不开颅治疗颅内病灶的新技术。在设备内腔的球体上装有多个钴-60放射源，他们发出的射线汇集在球体的中心点。治疗时，将病人的头部安放在球体中，使病灶进入射线的聚焦区进行照射，其产生的极大能量足以摧毁病变组织。射线只照射病变组织，不会伤及正常组织。这是一种安全有效的颅内肿瘤治疗技术（见图5.5.4）。

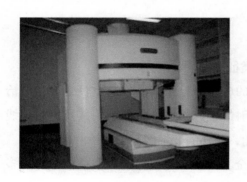 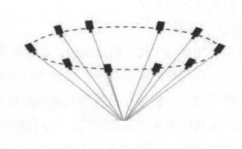

图 5.5.4　伽马刀

（3）硼中子俘获疗法 BNCT

用BNCT治疗时，先将一种含硼化时合物注射进入人体，通过血液循环进入肿瘤部位，当用中子束照射患者肿瘤时，中子与硼发生核反应，利用核反应产生的 α 粒子的作用，可以杀死一定范围内的肿瘤细胞，从而达到治疗目的（见图5.5.5）。

（4）放射性核素的内介入治疗

将放射性核素直接介入病灶，具有创伤小、手术简单、疗效好的特点。例如冠状动脉狭窄治疗，以前需要做开胸搭桥的大手术，现在只需经颈动脉或股动脉将镀有钯-103的放射性支架插入，将狭窄的动脉撑开。由于射线抑制了血管内壁平滑肌细胞和内膜细胞增生，使血管保持畅通，临床治疗效果很好。

在腔内肿瘤治疗方面，内介入治疗也是有力的武器。如用碘-131治疗甲状

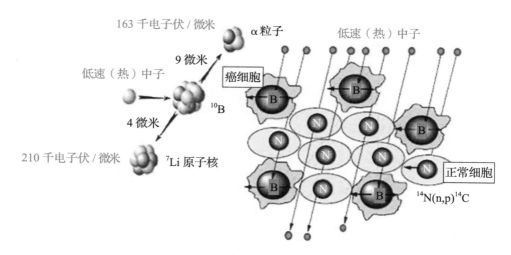

163 千电子伏/微米

α粒子

低速（热）中子

9 微米

低速（热）中子

癌细胞

4 微米

^{10}B

210 千电子伏/微米

^{7}Li 原子核

正常细胞

^{14}N(n,p)^{14}C

图 5.5.5　硼中子俘获疗法

腺癌、钇–90–GTMS 治疗肝癌、钐–153–EDTMP 治疗骨转移癌，都取得了较好的效果。

5.6 碳 –14 用于考古断代

核技术用于考古断代主要的原理是利用放射性核素的半衰期。

那么什么是半衰期呢？所有的放射性核素有一个特点，就是经过特定的时间其核子数量会减少一半。这个特定的时间称为半衰期，如图 5.6.1 所示。

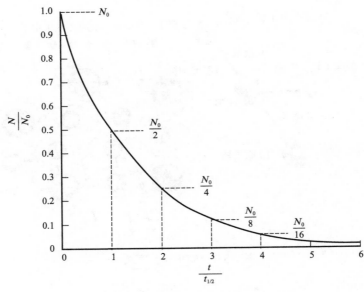

图 5.6.1　半衰期示意图

　　不同的核素具有不同的半衰期，例如碳–14 的半衰期为 5 730 年。碳–14 测年法主要就是通过测量碳–14 的相对含量来计算得到文物或化石的年代的。

　　根据现有的物理学进展，地球上的人类还没有发现有任何方法可以改变放射性核素的半衰期，因此通过半衰期法测量文物的年代具有无可争议的准确性，无法人为造假。

　　下面我们来介绍一下碳–14 测量文物年代的基本原理。

　　前面提到过，碳–14 的半衰期为 5 730 年，这对人类文明来说是一个很长的时间，可是对于地球年龄而言，只是一刹那的很短的时间。因此如果没有持续的来源的话，碳–14 很快就会衰变完了，成为稳定的同位素碳–12。

　　碳–14 是碳元素的一种具放射性的同位素。它是透过宇宙射线撞击空气中的氮原子所产生的。因此在地球的大气里面，碳–14 的含量达到了某种稳定状态，使得从远古到现在，碳–14 在自然界中（包括一切生物体内）的含量与稳定同位素碳–12 的含量的相对比值基本保持不变。

　　生物在生存的时候，由于需要呼吸或光合作用，其体内的碳–14 含量与大

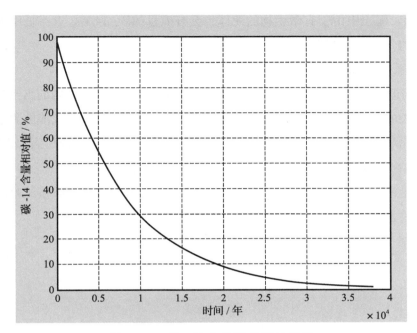

图 5.6.2　碳 -14 含量随时间的变化

气保持一致，当生物体死亡后，新陈代谢停止，由于碳-14 的不断衰变减少，因此体内碳-14 和碳-12 含量的相对比值相应不断减少。通过对出土化石中碳-14 和碳-12 含量的测定，就可以准确算出生物体死亡的年代。我们只要用质谱仪测量出文物中碳-14 和当前的碳-14 的含量的相对值，就可以根据图 5.6.2 计算出相应的年代了（由于核试验影响了当前碳-14 的含量，所以需要考虑核试验修正）。

　　例如，考虑核试验修正后的碳-14 含量的相对值是 50%，那就是 5 730 年，30% 的话大概就是 1 万年。

　　问题 A：测量精度能够达到多少？

　　这个取决于使用的质谱仪的测量精度，目前一般实验室的测量精度可以达到 1 年以内。

　　问题 B：玉器能测吗？

　　不能。在地球上有 99% 的碳以碳-12 的形式存在，有大约 1% 的碳以碳-13 的形式存在，只有百万分之一是碳-14。而且碳-14 只存在于大气中，岩石中不含碳–14（泥土中由于有微生物的死体，会有痕量的碳–14）。玉器是用玉石打造出来的，里面不含碳–14。

问题 C：最远可以测到多少年？

由于碳–14 含量极低，所以用碳–14 只能准确测出 5 万年以内的出土文物，时间更长的由于里面的碳–14 含量太低了，超出了目前最好质谱仪能够测量的下限。因此对于年代更久远的出土文物，如生活在 50 万年以前的周口店北京猿人，利用碳–14 测年法是无法测定出来的。

作业题：如果某样品在 2018 年测量到的碳–14 含量（已考虑核试验修正）的相对值是 81.3%，那么这一文物是哪个朝代的？

答案：为 1711 年前，即公元 307 年，属于西晋时期的文物。

06

核武器

6 核武器

6.1 恐惧啊、恐惧啊、怎么办

恐惧，是一种心理活动状态，往往表现为一种觉得担忧、害怕、焦虑的情绪。除了人以外，动物也会感受到恐惧，例如：猫感受到恐惧的时候会把全身的毛竖起来，猴子感受到恐惧的时候会跳起来往树上爬，等。

人类的恐惧是指在面临某种危险情境，企图摆脱而又无能为力时所产生的担惊受怕的一种强烈的情绪体验。

恐惧心理就是平常所说的"超级害怕"。那么公众"恐核心理""谈核色变"等的恐惧心理，该如何缓解呢？

有一种说法是加强科普，认为认知有助于消除恐核心理。是这样的吗？

先来看一道选择题。

你认为恐惧和认知的关系是：

（1）无知无畏；

（2）一知半解才会恐惧；

（3）知道太多了才恐惧；

（4）与认知程度没有直接关系。

无知无畏似乎很有道理。人类刚开始研究核辐射现象的时候，居里夫人那个年代不知道核辐射对健康有影响，慈禧太后抱着颗外国进贡来的夜明珠，因为不痛不痒没有感觉到辐射的危险，倒是觉得新奇而心情愉悦。

但是无知无畏讲的是人类勇敢的精神，不畏惧和不恐惧还是有差别的。居里夫人后来了解了核辐射以后也并没有因此而恐惧。

那么一知半解会令人恐惧吗？如果一知半解会是恐惧的主要原因，那么就可以通过科普的方法加深了解而消除恐惧。实际情况可能也并不如此。举个例子，恐高症并不会因为学习了物理学的牛顿自由落体运动原理而得到消除。

知道太多了才会恐惧，可能也不完全是这样的。在江湖混久了就不恐惧了，那是经验使然，但是对一些没法体验的事物，很难得到相关的经验。

因此，恐惧很可能与认知程度并没有直接的关系，一个小学毕业的人不一定会比大学毕业的人更加"谈核色变"。

很多时候，对于个体而言，感受到了危险，就会产生恐惧，对于群体而言，恐惧还会像传染病一样蔓延。因此恐惧的根源是感受到威胁，而且还无能为力。

如何消除原子弹留下的公众恐核心理，恐怕只有到了原子弹对人类的威胁真正不存在的时候才会得以彻底消除。

但是，恐核心理虽然不能得以消除，我们也还是可以通过已经发生过的一些案例，和科普相关知识缓解一下恐惧的程度，尽量避免引起不必要的公众的恐慌。

在实践中，还要把握好安全顾虑和恐惧的差别，并非所有的安全顾虑都会达到恐惧的程度。没有恐高症的人，爬到高处也是会产生安全顾虑的。

6.2 核武器其实没那么厉害，和平发展核能才是当务之急

核武器是利用原子核裂变或聚变反应放出来的巨大能量起杀伤和破坏作用的武器。

核武器的杀伤效应主要有四种，一是光（热）辐射（在裂变原子弹中占比35%）；二是冲击波（占比50%）；三是瞬时核辐射（占比6%）；四是放射

性污染引起的核辐射（占比 9 %）。因此主要的杀伤效应是冲击波，其次是光（热）辐射，核辐射效应的占比最小。

就光（热）辐射和冲击波而言，普通当量的原子弹的杀伤范围只有大约 500 米左右，也就是大约一个稍微大一点的住宅小区那么大。因此原子弹的真实威力很大程度上是被严重夸大了的，究其原因主要有三点：

（1）原子弹就是个威慑力量，越夸大越有威慑力；

（2）历史上广岛和长崎的原子弹确实有巨大的人员伤亡（见图 6.2.1）；

（3）世上确实存在少数几颗几千万吨 TNT 当量的氢弹，其杀伤力半径可达5 000 米。

据史料记载，广岛和长崎一共死了 24 万人（两座城市的总人口数是 550 万人），一个原子弹可以毁灭一座城市的说法也是被严重夸大了的。其实直接被两颗原子弹的冲击波和光（热）辐射致死的人数估计只有 1 万～ 2 万

图 6.2.1　广岛与长崎原子弹蘑菇云

人，死掉那么多人的主要原因是当时的日本人大概不知道还可以来得及逃跑，结果呆在原地，很多人死于蘑菇云落下的放射性尘埃。由于是第一次被原子弹轰炸，大家都还没有经验，当时的日本人还不知道 500 米开外的人是来得及逃跑的。核辐射的杀伤力占比虽然小，但是如果不及时逃离，只需几个希的核辐射剂量就可以致命！所以记住了，原子弹飞来了要赶紧逃，少一个希就多一分活命的机会。

世界核国家核试验次数的比较

国别	试验总数（至1992年）	大气核试验		第一次原子弹试验	第一次氢弹试验	第一次地下核试验
		时间/年	次数			
美国	942	1945—1962	212	1945年7月16日	1952年10月31日	1951年11月29日
苏联	715	1949—1962	214	1949年8月29日	1953年8月12日	1961年10月11日
英国	44	1952—1958	21	1952年10月3日	1957年5月15日	1962年3月1日
法国	210	1960—1974	50	1960年2月13日	1968年8月24日	1961年11月7日
中国	38	1964—1980	23	1964年10月16日	1967年6月17日	1969年9月23日

据统计，截至 1992 年，世界上五大合法拥有核武器的国家（联合国的常任理事国）已经进行了 2 000 多次核试验了。中国的第一次核试验是 1964 年 10 月 16 日。1996 年 9 月 10 日联合国通过了《全面禁止核试验条约》。

中国从 1964 年爆炸第一颗原子弹至今（见图 6.2.2），56 年来有关核政策的表述始终如一。中国核政策的要素包括：不首先使用核武器；不对无核武器国家和地区使用核武器；只发展有限的报复打击能力；反对在国家领土外部署核武器；主张全面禁止和彻底销毁核武器。其中"不首先使用"是核政策的核心，中国的核武器是遏制核战争的手段，而不是打赢核战争的工具。

历史上的 2 000 多次核试验，引起的大气放射性污染也是极其有限的，因此

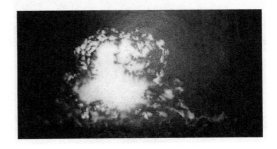

我国第一颗原子弹爆炸成功

图 6.2.2　我国第一颗原子弹爆炸

核辐射影响其实从一开始也是被严重夸大了的，究其原因还是为了保持威慑力量。而恰恰是这一威慑力量，使得清洁干净的民用核能的发展在国际上受到了空前的阻力——谈核色变。

　　值此核爆 56 周年之际，是时候告诉民众核武器的真面目了——核武器其实没那么厉害，和平发展核能才是当务之急！

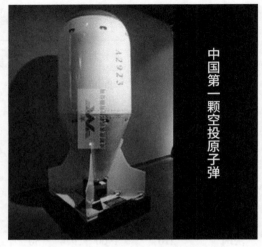

中国第一颗空投原子弹

图 6.2.3　原子弹模型